"十三五"国家重点出版物出版规划项目

新时代学生发展核心素养文库（高中卷）

工程改变世界

王　滨　编著

华东师范大学出版社

·上海·

图书在版编目(CIP)数据

工程改变世界/王滨编著.—上海:华东师范大学出版社,2020

(新时代学生发展核心素养文库.高中卷)

ISBN 978 - 7 - 5675 - 9138 - 7

Ⅰ.①工… Ⅱ.①王… Ⅲ.①工程技术-青少年读物

Ⅳ.①TB - 49

中国版本图书馆 CIP 数据核字(2020)第 030484 号

新时代学生发展核心素养文库(高中卷)

工程改变世界

总 主 编 夏德元
编 著 王 滨
策划编辑 王 焰
项目编辑 舒 刊
责任编辑 王 云
特约审读 郑雯文
责任校对 王丽平
装帧设计 高 山

出版发行 华东师范大学出版社
社 址 上海市中山北路 3663 号 邮编 200062
网 址 www.ecnupress.com.cn
电 话 021 - 60821666 行政传真 021 - 62572105
客服电话 021 - 62865537 门市(邮购)电话 021 - 62869887
地 址 上海市中山北路 3663 号华东师范大学校内先锋路口
网 店 http://hdsdcbs.tmall.com

印 刷 者 启东市人民印刷有限公司
开 本 700×1000 16 开
印 张 9.5
字 数 131 千字
版 次 2020 年 12 月第 1 版
印 次 2020 年 12 月第 1 次
书 号 ISBN 978 - 7 - 5675 - 9138 - 7
定 价 30.00 元

出 版 人 王 焰

总序

核心素养（Key Competencies）概念最早见于世界经济合作与发展组织（OECD）在 1997 年 12 月启动的"素养的界定与遴选：理论和概念基础"项目。经过多年深入研究后，OECD 于 2003 年出版了报告《核心素养促进成功的生活和健全的社会》，正式采用"核心素养"一词，并构建了一个涉及人与工具、人与自己和人与社会三个方面的核心素养框架。具体包括使用工具互动、在异质群体中工作和自主行动共三类九种核心素养指标条目。

中国学生发展核心素养于 2013 年 5 月由教育部党组委托北京师范大学牵头开展研究。2014 年 4 月，在教育部印发的《关于全面深化课程改革落实立德树人根本任务的意见》中，确定了"核心素养"的重要地位。其后，在教育部的指导下，成立了由上百位专家组成的课题组。在深入研究和征集社会各界意见的基础上，2016 年 9 月，专家组正式发布了中国学生发展核心素养的框架和内涵。

按照这个框架，核心素养主要指"学生应具备的，能够适应终身发展和社会发展需要的必备品格和关键能力"。中国学生发展核心素养，以科学性、时代性和民族性为基本原则，既考虑了中国社会各界的期待和要求，同时也借鉴了世界各国关于核心素养的研究成果，以培养全面发展的人为核心，分为文化基础、自主发展、社会参与三个方面。综合表现为人文底蕴、科学精神、学会学习、健康生活、责任担当、实践创新六大素养，具体细化为国家认同等十八个基本要点。

2019 年 2 月，国务院印发的《中国教育现代化 2035》中指出："完善教育质量标准体系，制定覆盖全学段、体现世界先进水平、符合不同层次类型教育特点的教育质量标准，明确学生发展核心素养要求。"这说明学生发展核心素养的培养，已经进入国家决策层的视野，成为中国未来人才培养质量整体提高的必然要求。

近年来,围绕中国学生发展核心素养的内涵、外延、培养目标、培养途径等宏观问题,以教育界为代表的各界有识之士展开了广泛而深入的研究,发表了一系列颇有新意的理论成果,并在实践层面做出了可贵的探索。但是,不容忽视的现实是,系统阐释核心素养各个基本要点的基本思想、具体内容、培养途径的著作罕有问世;而能结合培养对象的年龄特点、心理特征、知识背景、社会阅历和培养目标等诸要素,可供家长、教师和学生共同阅读、参照实施的深入浅出的普及读物更是付之阙如。为此,我们特策划组织对学生发展核心素养各个基本要点素有研究、思考和实践经验的高等院校、教育科研机构和中小学优秀教师,共同编写了这套丛书。

本丛书围绕核心素养课题组提出的三个方面六大核心素养诸基本要点,分小学、初中和高中三个阶段,每个阶段针对学生年龄特点,分别按照不同要点设计选题,首批推出三十余种图书。

关于丛书体例,策划者并未做划一的规定;但为体现这套书的总体定位,我们把丛书的撰写要求提炼为四个关键词:

一、发展。以有利于学生人格健全和全面发展为宗旨,不局限于知识的传输,而是着眼于学生的终身发展,把知识积累和能力成长、社会参与、人生幸福结合起来。

二、跨界。跨越学科界限,面向学生、家长、教育工作者等多类读者,尽量就一个方面的问题从多角度展开叙述,使内容更加丰满。

三、启蒙。针对中国教育中存在的现实问题和困惑进行启蒙式的讨论,启发学生、家长、教育工作者反思,解决学生、家长、教育工作者在现实中遇到的困惑,引导学生、家长共同成长、进步。

四、对话。体现对话精神,作者与读者通过文字媒介进行平等对话交流。写作时心里装着读者,让读者阅读时能够感到是和作者在对话,让读者感受到作者的体温和呼吸。为体现这种精神,可以设置问答环节,可以采用对话体,也可以用生活中的真实事例进行阐发。

丛书策划方案定型后，得到上海市委宣传部和国家新闻出版署的高度重视和大力支持；选题列入"十三五"国家重点出版物出版规划项目后，数十位作者殚精竭虑，深入调研，认真撰稿；作者交稿后，出版社十多位编辑精益求精、全心投入，与作者密切联系，反复讨论，改稿磨稿。整个项目前后历时三年，于今终于可以和读者见面了。

希望本丛书的问世，能给广大学生、家长、教育工作者一些切实的帮助，为新时代中国人才培养工作贡献一份力量。对于丛书中可能存在的问题和欠缺，欢迎读者提出批评建议，以便在图书再版时改进。

目录

第一章　带你认识工程　　　　　　　　　　　　　1

　一、工程就在我们身边　　　　　　　　　　　　　1

　二、走近工程的承担者　　　　　　　　　　　　　8

　三、当代中国工程师的社会作用　　　　　　　　　17

第二章　工程责任与工程伦理　　　　　　　　　22

　一、工程师的品质与社会责任　　　　　　　　　　22

　二、工程伦理　　　　　　　　　　　　　　　　　31

第三章　工程思维　　　　　　　　　　　　　　37

　一、从中学新课标谈起　　　　　　　　　　　　　37

　二、工程争论　　　　　　　　　　　　　　　　　40

　三、技术理解力与创新思维　　　　　　　　　　　43

　四、系统思维与整合思维　　　　　　　　　　　　46

　五、精益思维　　　　　　　　　　　　　　　　　47

　六、审美与设计思维　　　　　　　　　　　　　　50

　七、决策思维与风险思维　　　　　　　　　　　　51

第四章　工程改变中国　　　　　　　　　　　　58

　一、古代中国的工程　　　　　　　　　　　　58

　二、近代中国的工程　　　　　　　　　　　　64

　三、走向世界舞台的中国现代工程　　　　　　71

第五章　工程改变世界　　　　　　　　　　　　97

　一、古代伟大工程　　　　　　　　　　　　　97

　二、近代伟大工程　　　　　　　　　　　　　106

　三、现代工程奇迹　　　　　　　　　　　　　112

后记　　　　　　　　　　　　　　　　　　　141

第一章　带你认识工程

一、工程就在我们身边

（一）一个奇迹的诞生

2017 年 7 月 7 日上午,地处伶仃洋深处的港珠澳大桥西人工岛上旌旗招展,云帆飞扬。在场的工程建设者们见证了一个新奇迹的诞生,这就是世界最长海底沉管隧道——港珠澳大桥海底隧道贯通。这标志着经历 13 年论证、设计、施工的港珠澳大桥主体工程完成。从此,一桥飞架粤港澳三地,构筑成"粤港澳大湾区"城市群空间结构的新骨架。

港珠澳大桥由桥梁、人工岛和隧道三部分组成,被称为"世纪工程"。对中国的土木工程师而言,桥梁建设并不困难,即便是建设两座面积各十万平方米的人工岛也并不在话下,但建设一条长 6.7 千米的海底沉管隧道,实现桥梁与隧道的转换,则是施工最复杂、建设难度最大的工程,极具挑战性。在建设之前,全中国的海底沉管隧道工程加起来不到 4 千米,而且,这是我国第一次在外海环境下建沉管隧道,可以说是从零开始、从零跨越。最初,建桥工程指挥部找到荷兰一家大公司寻求合作,但是这家荷兰公司开出天价——1.5 亿欧元! 当时约合 15 亿人民币。可我们在这一子项目的预算最高只有 3 亿人民币。因为无法满足荷兰人的要价，荷兰人拒绝了，他们临走时留下一句话：靠你们自己？我们只能给你们祈祷了！

难以承受高额的国外技术咨询费用，世界上其他国家的沉管隧道技术也无法在此照搬套用，中国的工程建筑者们只剩下最后一条路可以走，那就是自主攻关！

2013 年 5 月 1 日，历经 96 个小时的连续鏖战，海底隧道的第一节沉管成功安装。2017 年 5 月 2 日，最后一节沉管开始安装。按照传统施工方法，完成这项安装至少需要 8 到 10 个月，但采用了新的方法，我们的工程团队仅用一天时间就完成了安装，从而实现大桥全线贯通！

港珠澳大桥是一项中国工程史上的奇迹，代表了中国工程的新纪元。中国这一世界级超级工程，让曾经傲慢的外国人哑口无言。沉管的设计、生产和安装技术进行的一系列创新，都是由我们中国自己的工程师完成的，中国工程师用这份优秀的作品再一次向世人证明，别人能做到的，我们同样可以做到！

读者朋友，在这一"世界之最""中国之最"的"奇迹"背后，你能看到什么呢？是的，你能够看到中国人的勇气、中国工程的能力和水平，你能够看到中国工程的未来！

（二）"工程"一词的由来

谈到工程，我们还得追溯久远的过去。"工程"一词在汉语中很早就有了，它由"工"和"程"两字构成。《说文解字段注》中解释："工，巧饰也。"又说："凡善其事者曰工。"这说明，"工"是指做事情，且是带有技巧性的。"程"则是一种度量单位，引申为定额、进度。"程，品也。十发为一程，十程为一分。"品，即等级、品评。所以，"工"和"程"合起来，就表示带技巧性工作的进度，或工作进程的等级标准，也即劳作的过程或结果。更广泛地说，凡需要时间来不断完成的工作任务就是工程。中国传统工程更多的是指土木建筑，如宫室、庙宇、运河、城墙、桥梁、房屋的建造等。

今天我们谈论的"工程"一词,主要是从西方传来的。工程(engineering)一词在西方起源于军事领域,古时候军事活动的设施主要是弩炮、云梯、浮桥、碉楼、器械等,这些设施的设计和建造就是"工程"。可见,最早的"工程"一词专指军事工程。18世纪中叶,一些民用的灯塔、道路、供水和卫生系统的设计建造等非军事工程在欧洲城市出现,这些民用工程虽然隶属于市政部门负责,但从工程设计到工程实施,基本上还是由军事工程师来承担。军事工程的影子依然存在,当时的土木工程只不过是和平时期的军事工程。

到了18世纪晚期,工程师和军人的联系开始弱化。英国人约翰·斯密顿(1724—1792)是第一个称自己为"民用工程师"的人。18世纪50年代后期,他开始从事建筑,主持重建了世界上第一个建在孤立海礁上的灯塔——艾底斯顿灯塔。1768年,他开始称自己为 civil engineer,以此从职业来源和工作性质上与传统的"军事工程师"相区分。civil engineer 直译就是"民用工程师",民用工程就是"驾驭天然力源、供给人类应用与便利之术"。如今这个词被译为土木工程师并不准确。其实,civil 在词典里的解释为:公民的、市民的、民用的、国民间的。该词在当代与"工程"组合何以成为"土木工程"呢?因为当时的民用工程主要涉及与土木工程有关的城市建筑和道路建设等。那个时代,民用工程基本就是土木工程,所以今天,本来是民用工程的概念(civil engineering)也就约定俗成指土木工程了。

随着人类文明的发展,人们可以建造出比单一产品更大、更复杂的产品或物品,这些产品或物品不再是结构或功能单一的东西,而是结构复杂、样式繁多的"人造系统"(比如建筑物、轮船、铁路工程、海上工程、飞机等等),于是工程的概念就产生了,并且逐渐发展为一门独立的学科和技艺。

(三)如何看待现代工程

工程实践有着长久的历史,历史上工程活动不断演变,工程的规模、工程的组织和工程师的地位作用等都在不断变化。早期从事工程的人员大多是凭借经验,理论尚显幼稚,所示常被看成是"术"。工业革命之后,机械工程、采矿工程等工程分支相继出现。随着科学技术的发展,几乎每次新科技的出现,都会产生一种或几种相应的工程及相应的工程师。于是,人们对工程的把握也呈现不同的侧重,所以,至今也没有一个公认的关于工程的定义。

人们对"工程"给出过如下定义:

工程是人类有组织、有计划地利用各种资源和相关要素构建和制造人工实在的活动。

工程是人类运用各种知识(经验知识、科学知识,特别是工程集成知识)和必要的土地、资金、劳动力等资源,并将之有效地集成构建为有使用价值的人工物的有组织的社会实践活动。

工程是在一定边界条件下,即在客观自然、经济社会、人文要素和信息环境下,对技术要素与非技术要素的集成、构建、运行和管理。工程活动的基本社会角色是企业家、工程师和工人。工程的基本单位是项目。

工程是将自然科学的理论应用到具体工农业生产部门中形成的各学科的总称,如水利工程、化学工程、土木建筑工程、遗传工程、系统工程、生物工程、海洋工程、环境微生物工程;也指需投入较多的人力、物力来进行的较大而复杂的工作,是需要一个较长时间周期来完成的活动,如城市改建工程、京九铁路工程、"登月工程"等。

工程包括了设计和制造活动在内的大型的生产活动。有时候是在生产范围内仅把那些新开工建设或新组织投产的建设项目称为工程,如三峡工程;有时候指大型科研、军事、医学或环境方面的活动和项目,用于非生产活动的也称社会工程,如"菜篮子工程"、"再就业工程"等。

《科学技术百科全书》对"工程"的定义:利用丰富的自然资源供人使用并提供方便的技艺。《韦氏词典》将工程定义为:①操作器械的艺术;②一种改造物质和能源的属性为人类所用的科学。《现代汉语词典》对"工程"一词的解释:土木建筑或其他生产、制造部门用比较大而复杂的设备来进行的工作,如土木工程、机械工程、采矿工程、化学工程、水利工程、航空航天工程。

英国机械工程师学会理事长安德鲁·艾夫斯在 2006 国际机械工程教育大会上明确提出:"工程是为了一种明确的目的,对具有技术内容的事物进行构思、设计、制作、建立、运作、维持、循环或引退的过程及其过程所需的知识。"另一位英国工程师、作家托马斯·泰德金提出:"工程是一种引导自然资源的伟大力量为人类所用的艺术。"美国工程教育协会(ASEE)给出的定义:"一种运用科学和数学原理、经验、判断和常识来造福人类的艺术,一种通过生产技术产品或系统以满足具体需要的过程。"

(四) 工程的几个显著特征

1. 工程是综合性的实践活动

工程包括了工程决策、研究与开发、设计与制造、操作及指挥管理等过程。工程活动涉及人力流(包括适合于各种不同岗位的人力资源)、物质流(包括土地、材料、机器设备等)、资金流(包括投资、借贷和其他形式的金融与货币)、信息流(包括设计方案、技术知识、管理指令、内外反馈消息)等,这些流具体包括:物质要素、技术要素、经济要素,也包括管理要素、社会要素等多种要素。这些因素互相配合、互相渗透,缺一不可。工程过程实际上是一个信息递增和信息综合的过程,即将简单的东西创造性地综合化的过程。

工程的综合性表明,有了科学原理和技术手段,不等于就有工程。比如,伊朗的连体姐妹成功地进行了人体分离手术,在某种意义上这也是一个"工程",即广义的工程。它不是通过实践去认识、探索,不是通过科学原理来指导进行技术实践,而是实实在在的"逐步逼近目标的活动"。今天的工程与过去原始时代边琢磨边干不同,它有许多的约束条件,如工程造价控制、生命安全、出现事故后舆论追踪所浪费的成本等。在现代,人们在没有完成实验室的科学探索和技术实践前就实施工程,是不可想象的。试想,某处大河将两岸隔断,两岸居民长期忍受交通不便的痛苦,于是当地人声称自己要不惜代价建桥。而桥梁设计师告诉他们,在这种复杂的地质构造上建桥,以前没有过,建设过程中有50%倒塌的可能性,施工人员也有生命危险。那么这个地区的人在没有科研人员帮助的情况下还要坚持建桥吗? 工程建设者还敢去冒险实施吗?

2. 工程是一项团队性的实践活动

它首先表现为有组织、有结构、分层次的群体性活动,在群体内部有设计师、决策者、管理者和执行者,他们既要有分工,各施其能,又要有协作,彼此步调一致,以形成一个具有共同目标的合作团队。比较而言,科学研究常常表现为个体行为,成果也常常打上个人的烙印,但工程活动总是集体完成的,工程通常需要团队合作,需要一个能够致力于把各个部分衔接整合起来、形成共同图景的团队。以航空母舰的建造为例:一艘航空母舰的建造,仅图纸就重达二十多吨,需要上千名工程师和技术人员,以及大批工人的数年工作。

我们可以将从事工程实践活动的群体定义为"工程共同体",工程共同体是参与工程活动的人员的社会组织,参与工程的人员的具体类型是多种多样的,例如投资者、企业家(或其他职务的领导者)、管理者(包括中下层管理者)、设计师、工程师(包括研发工程师、生产工程师、安全工程师等)、会计师、工人(包括技师)等等。这些人员大致可以归为四种基本类型:投资人、企业家、工程师和工人。

在工程活动中,需要这四类人员进行整体性、协调性和系统性的合作。这四种类型的人员各有自身特定的、不可取代的重要作用。如果把工程人员比喻为一支军队的话,那么工人就是士兵,企业家相当于司令员,工程师是参谋部和参谋长,投资人相当于后勤部长。从功能和作用上看,如果我们把工程活动比喻为一部坦克车,那么,投资人就是油箱和燃料,企业家就是方向盘,工程师就是发动机,工人就是火炮,每个部分对于整部机器的功能来说都是不可缺少的。

3. 工程是高度社会性的实践活动

工程的产物是为满足社会需要,工程活动的出发点离不开社会,过程离不开社会,最后归宿也离不开社会,社会属性贯穿于工程活动的始终。工程实践过程要时刻受到社会政治、经济、文化的制约。这是因为工程通常是具有一定规模的、有组织的建造活动,而不是手工业式的、个体的行为。

我们常说的曼哈顿工程、三峡工程、南水北调工程等都是大型工程,它们与社会存在着相互影响和相互作用。首先这些工程会对政治、经济和文化的发展产生深刻的影响,显著地改变当地的经济、文化和生态环境;其次,工程问题不仅仅是一个技术问题,它还要受到经济、文化发展水平的制约。工程实践创造一个新的存在物,将给社会不同主体带来不同的利益,因此必然会产生不同价值观的冲突,因此,工程实践者必须集思广益,协调各方面的关系和利益,寻求"在一定边界条件下的集成和优化",特别是要协调价值观方面的冲突等。

（五）科学、技术与工程

长期以来,人们把工程与科学、技术并列,笼统地称之为科学技术。这必然会模糊我们对工程的认识。工程与科学、技术有联系,但也有很大的区别。首先,就科学而言,科学是人们对客观世界(包括自然界、人类社会和人本身)存在和变化的规律进行探索,其探索的过程就是科学活动,探索得到的结果就构成科学发现和科学理论。即,科学的目的是认识世界,其成果体现为"发现"。就技术而言,技术是探索和改变客观世界的方法和手段。方法就是技艺、规范、诀窍等,手段就是工具、信息、装备等。

而工程作为人类利用自然资源造福民众的实践活动,它是以科学为基础,综合运用各种技术手段创造"人工物"的过程。技术和工程的目的是改造世界,技术的成果体现为"发明",而工程的结果则体现为"创新"。由于两者同属于改造世界,在具体实践中关系更为密切,因此人们常把两者联系在一起而称为工程技术。

科学是以发现为核心,技术是以发明为核心,而工程是改造世界的物质实践活动,它以建造为核心。工程的哲学箴言是"我造物故我在"。工程活动是创造一个世界上原本不存在的存在物,是实践主体有目的、有计划、有组织地利用现有技术和物质资源,将观念的存在转化为现实存在的过程。科学发现和技术发明往往以错误和失败为先导,所谓"失败乃成功之母",而工程建造活动往往涉及大量的人力、物力和财力等多种因素,要严格确保不失败,否则就要付出沉重的代价。有时候技术上最优并不等于工程上最优,工程师总是要在确保能源消耗低、环境污染少、设计与生产可持续发展的前提下寻求低成本的技术最优,工程师要求得在众多边界条件制约下的最佳折中点。

当然,现代工程是建立在科学技术研究基础上的,大型复杂的工程项目更是与科学技术密不可分。工程师要创造一个新的存在物,必然涉及不同方面的规律,如科学的、技术的、人文的规律等。一项新的建造活动,既要符合科学的规律,也要符合技术上的规律,更要符合人类社会需求和生态需求的规律、美学的以及伦理的规则等。以三峡工程为例,它的建设决策涉及到政治经济因素及战略因素;选址涉及地质学等方面的原理和相关技术;水坝设计涉及结构力学、流体力学等方面的原理及相关技术;移民安置涉及社会学、经济学等方面的原理以及大量相关法规和运作技巧;建设资金和后续经营涉及经济学、管理学等方面的原理和方法、技艺;发电设施涉及电学、机械学等方面的原理与技术;环境保护涉及生物学、生态学等方面的原理和技术,等等。人类创造的一个新的存在物,反映了人的主体意愿和主观意图,受到人们理想水平的制约。理想水平的高低,关乎创造物的类型与层次。任何一项工程建造活动,都是上述因素综合作用的结果。

二、走近工程的承担者

(一) 谁来完成工程

大规模的工程活动早在古代社会就已经有了。例如,古埃及的金字塔、古罗马的斗兽场等。在中国古代,工程奇迹更是遍及神州大地。有人曾将坎儿井、长城和京杭大运河称为中国古代的三项伟大工程,认为它们都是中国文化地位的象征。

坎儿井，是"井穴""井渠"的意思，是一种用于荒漠地区的特殊灌溉系统，如今主要保留在中国新疆的吐鲁番地区。在新疆一些冲积扇地形地区，土壤多为砂砾，渗水性很强，山上雪水融化后，大部分渗入地下，地下水埋藏也较深。为了将渗入地下的水引出供平原地区灌溉，开挖井渠是比较方便的。新疆劳动人民大概吸收了井渠法的施工经验，并将它引用到新的地理条件下，创造出新型的灌溉工程。它由竖井、暗渠、明渠和涝坝四部分组成。总的来说，坎儿井的构造原理是：在高山雪水潜流处，寻找水源，以一定间隔打下深浅不等的竖井，然后再依地势高低在井底修通暗渠，沟通各井，引水下流。地下渠道的出水口与地面渠道相连接，把地下水引至地面灌溉桑田。吐鲁番的坎儿井总数达 1100 多条，全长约 5000千米。

长城又称"万里长城"，是中国古代在不同时期为抵御塞北游牧部落侵袭而修筑的规模浩大的军事工程的统称。长城始建于周朝。周幽王烽火戏诸侯是最早的关于长城的典故。国家文物局 2012 年宣布中国历代长城总长度为 21196.18千米，分布于北京、天津、河北、山西、内蒙古、辽宁、吉林、黑龙江、山东、河南、陕西、甘肃、青海、宁夏、新疆 15 个省市区，包括长城墙体、壕堑、单体建筑、关堡和相关设施等长城遗产 43721 处。此前，国家文物局曾于 2009 年首次公布了明长城调查数据，中国明朝长城总长度为 8851.8 千米。

京杭大运河是世界上里程最长、工程最大的古代运河，也是最古老的运河之一。

那么，这些工程是由哪些人来完成的呢？他们分别承担着什么角色呢？

在古代社会，大型工程建设活动，例如修建一座王陵或兴修一项水利工程，建造者都是临时征召一批农民和工匠来进行的，工程完成后，那些农民和工匠便要回到自己原来的土地或作坊继续从事自己原来的生产活动。所以，从职业或身份的角度看，在古代社会的工程活动中，担任工程任务的劳动者都是临时从事工程劳动的农民或手工业者，他们还不是现代意义上的职业工人。

除工匠外，即使再简单的工程，也需要有人来设计、管理和组织实施。在古代，这些人都是什么样的人呢？古代语言中，还没有一个合适的词语和我们现代意义上的"工程师"或"技术员"相对应，这说明当时社会没有对这一人群作出界定。尽管没有"工程师"这样一个群体性概念，但那些解决实际工程问题的专家群体在古代都是用具体的职业名称称呼的，比如营造师、河道监理等，或者用一个泛指的概念"智者"来表示。

这些人的工作范围主要集中于建筑、采矿、基础设施、测量、军事、造船、运输和水利等领域。在这些领域里，设计、生产、规划、管理和研制等具体工作又造就了不同的职业群体，规定了各自不同的职业职责，催生了各种职业名称，这些名称与我们今天所说的"工程师"和"技术人员"大致相符。但遗憾的是，这些人的名字和生平事迹很少有文献记载下来。毕竟，撰写历史的权力属于皇家，历史记载对象主要是大权独揽的统治者，他们象征着最高权力和财富，又是国家的代表，自然可以在撰写历史时把一切功劳都归于他们自己。

　　　　赵州石桥什么人儿修？

　　　　玉石栏杆什么人儿留？

　　　　什么人骑驴桥上走？

　　　　什么人推车轧了一道沟？

　　　　赵州石桥鲁班爷爷修，

　　　　玉石的栏杆圣人留。

　　　　张果老骑驴桥上走，

　　　　柴王爷推车就轧了一道沟！

这段唱词，出自我国的一出民间小歌舞剧，叫《小放牛》。剧中提问题的是一个牧童，回答问题的是一位名叫云姐的小姑娘。云姐说赵州桥是鲁班爷爷修的，

10

但赵州桥并不是鲁班修的,后人只知道是隋朝的著名工匠李春组织建造的。中国的历史书大多宣传帝王将相的功绩,而贫民工程师的成就常常难以被知晓和流传。由于缺乏史书记载,李春的生平、籍贯我们已无法得知。我们仅能从唐代中书令张嘉贞为赵州桥所写的"铭文"中看出些蛛丝马迹。他写道:"赵州洨河石桥,隋匠李春之迹也,制造奇特,人不知其所以为。"由此,我们才知道是李春建造了这座有名的大石桥。

中国古代承担工程任务的是匠人和管理匠人、领导工程实施的官员。无论是匠人还是官方的工程建设指挥者,都是那个时代的"工程师"。就官方工程建设指挥者而言,他们大部分科举出身,接受的是儒家文化教育,并常常担任官府衙门的主要技术行政职位,属于负责政府事务中公共工程的技术管理及决策实施等工作的文官,他们从事的工作具有明显的官方性质,但均是非职业化的。

(二) 古代工程人员的社会地位

在中国古代,工程的具体承担者——工匠的历史地位不高,他们在等级社会中都是被统治阶层统治的劳动者,奴隶制时代有不少工匠处于被奴役的地位,金文中的"百工"一般就是指身份近于奴隶的手工业劳动者。封建社会的成员,按所从事的职业来看,分为士、农、工、商,即古代文献中所说的"四民"。在儒家看来,技术都是"奇技淫巧"的东西,搞工程也只是雕虫小技,工与商一起排在后边,处于末业的地位;"重本轻末""重本抑末"是历代封建王朝的基本政策,可见在封建社会中,工匠或者说那个时代的工程师的地位要低于官员和农民。

当然,工匠在官府劳动与在民间劳动有许多不同,其社会地位还有平民、半贱民、奴隶等不同等级之分,在曲折的历史过程中,其身份和地位也有变化。正是由于这种文化传统,尽管中国在古代就拥有了四大发明,却在近代面对西方文明时甘拜下风。在秦汉至唐中叶这个时期,封建中央集权已经形成,地主土地所有制已经确立,社会经济向前发展,但工匠们在封建社会中的地位并没有得到相应的提高。汉代还规定不许工匠充任皇家及政府军营的警卫。北魏时期规定不许工匠读书做官,不许私立学校教其子女读书,违者全家诛灭,连教师也要处死。中国自古就有重知轻行、重理论轻实践的传统。社会上普遍轻视技术、技能工作者,旧时代的工匠、匠人是明显的贬称,是不入流的。这种情况在新中国成立后才发生了根本的改变。

自唐代中期开始,封建社会经济制度发生了重要变化,商品生产得到空前发展,工匠的社会地位也有所提高。宋代与明清时期,手工业行业中使用奴隶劳动的现象明显减少,雇工劳动逐步得到发展和普及。明中期以后至清朝,许多工匠已具有真正的平民资格,他们有了代表自己利益的行帮组织,积极参与各种民间的社会活动,有的还是民间秘密结社的重要成员。因失去了独立劳动的条件而受雇于人的工匠,也更多地获得了平民的法律地位。

(三) 职业工程师的出现

英文"engineer"(工程师)的含义是"能制造使用机械设备,尤其是军械的人"。在中世纪,该词汇主要被用来称呼军事机械的制造者或操作者,或者指擅长机械方面的专家,通常是与水利相关的机械,或者是与战争相关的工艺,如破城槌、抛石机等抵抗或进攻的装置。可见,在西方,工程师最初就是指建造和操作战争机械的人(士兵),或者指挥军队和炮兵的人(军官),当然也指设计进攻或防御工事的人(工兵)。

1779年出版的《大不列颠百科全书》,将工程师定义为"一个在军事艺术上,运用数学知识在纸上或地上描绘各种各样的事实以及进攻与防守工作的专家"。1828年美国出版的《韦伯斯特美国英语词典》,将"工程师"定义为"有数学和机械技能的人,他们形成进攻或防御的工事计划和划出防御阵地"。世界上第一本"工程手册"诞生于18世纪,是有关炮兵的手册,第一个授予正式工程学位的学校于1747年在法国成立,也是属于军事的。1802年美国成立西点军校(the U. S. Military Academy),它不仅培养军事指挥人才,同时也是美国第一所培养军事工程人才的大学。

18世纪欧洲发生了产业革命,动力机械出现,人们用"工程师"这一词汇来称呼蒸汽机的操作者,即 engineer 一词用于指操作机械引擎(engine)的人。比如铁路 engineer 是指火车司机,轮船 engineer 是指轮机员。

在中国,真正意义上的工程师从洋务运动时期开始出现。随着制造局、船政局及纺织、造纸等工厂的建设与开办,以及煤矿的开采和铁路的建造,中国开始有了近代工业的雏形,随之也成长了一批工程建设人才。作为一个特殊职业群体的工程师,自然随着近现代产业革命和经济发展的进程而逐步分化、形成、"出场"并发展壮大。

洋务运动时期,英国人傅兰雅及其合作者译述了几部题名带有"工程"字样的书籍,如《井矿工程》(1879)、《行军铁路工程》(1886)等。其中具代表性的是《工程致富论略》(1898),该书分13卷,论述了铁路和火轮车、电报、桥梁、开市集、自来水通水法、城镇开沟、引粪法等民用工程。作者用"工程"概念对应外来的 engineering,赋予汉字词汇"工程"以新的含义。

1881年1月,北洋大臣李鸿章等人在奏章中称,赴法国学造船后回国的郑清濂等人已取得"总监工"官凭。这里的"总监工"的提法是与"engineer"(工程师)相对应的。1886年1月,当时的浙江巡抚杨昌浚上奏称:"陈兆翱等在英法德比四国专学轮机制法,可派在工程处总司制机。"这就有了总司的概念,即总负责之意。在清朝官方文件中,"工程师"字样出现于1883年7月李鸿章的奏折中,他写道"北洋武备学堂铁路总教习德国工程师包尔"。

我国近代著名工程师詹天佑最早在1888年由伍廷芳任命为津榆铁路"工程司",在负责修建京张铁路工程时(1905),他被任命为"总工程司"。这里的"工程司"是相应于某项"工程"的"职司",既负有技术责任,也有管理的职责。1905年,詹天佑等人主持了由中国工程人员自己建造的京张铁路工程,同时也培养了一批工程技术人员,逐步形成了中国初期的工程师群体。

我国工程师群体的快速发展始于新中国成立后,特别是改革开放以来的40

年,中国工程师在现代化和全球化的进程中,在建设现代社会的过程中,发挥了无可置疑的关键性作用。中国工程师已经享誉世界,他们创造了世人难以想象的人间奇迹,为自己赢得了很高的社会声望和社会地位。

(四) 工程师的职业认证与授权

工业革命时期,工程师的社会组织出现了。1765年前后,月光社(Lunar Society)在英国的伯明翰成立,它是由生物进化论的提出者查尔斯·达尔文的祖父伊拉斯谟斯·达尔文(Erasmus Darwin)和外祖父约书亚·威治伍德创立的。当时正值英国工业革命伊始,一些著名的科学家、工程师和实业家都是该团体的成员。每当月圆之夜,大家便会聚集一堂谈论最新的工业科学成果。月光社有自己带有排他性的吸纳成员方式,所有的成员都应该是在其所从事领域有突出贡献的人。该团体中有很多人物为我们所熟知,如查尔斯·达尔文、詹姆斯·瓦特和马修·博尔顿等。有资料显示,该团体的成员从未超过14人。

1912年,詹天佑在主办粤汉铁路工程期间,在广州创立了中华工程学会,这是中国工程师有团体组织之始。不久中华工程学会与有关工程组织合并,改名为中华工程师会,选举詹天佑为会长。1915年,改名为中华工程师学会。1917年,在美留学研究或工作的工程界人士20余人,又发起组织了中国工程学会。1931年8月,中华工程师学会与中国工程学会合并为中国工程师学会,以民国元年作为创始之年,将总部设在南京。

新中国成立后,我国大陆没有统一的工程职业组织,仅设有几十个专业工科学会,例如中国机械工程学会、中国电机工程学会、中国计算机学会等。随着我国工业化、城市化和市场化的进程加快,工程领域不断扩大,工程技术突飞猛进,我国培养工程师的工科院校达上千所,工程学术团体也有近百个,工程类学会、协会和研究会近千个。目前,"工程师群体"已经成为我国主要的社会群体之一。

在欧洲大陆一些国家,工程师称谓的使用被法律所限制,一个人只有获得权威机构的认证,才能被称为"工程师",而没有获得认证的人自称为工程师则属于违法行为。在美国大部分州及加拿大一些省份也有类似法律存在,通常一个工程实践者只有具备一定的经验,并在专业工程考试取得合格后才可获得工程师资格。

工程师认证方式有很多种,考试是最普遍的一种认定方式。比如,国际注册机械工程师资格认证(ICME)是由机械工程师学会(IME)开展的专业工程师资格认证,目标是培养具有良好职业道德、创新理念,牢固掌握现代机械设计制造技术、工业工程项目最新管理技能,懂得运用现代经济管理知识以及最新国际通则的新一代机械工程类专业技术人员。在我国,工程师认证也是职业水平评定(职称评定)的一种。按职称(资格)高低,工程师分为:研究员或教授级高级工程师(正高级)、高级工程师(副高级)、工程师(中级)、助理工程师(初级)。通常所说的工程师,在职称上特指中级工程师。按照工程活动的职责进行分类,工程师的职业包括研发工程师、构建工程师、操作工程师、质量工程师、监理工程师、造价工程师、项目管理工程师等。

(五)提高工程师的社会地位

现代工程师塑造了现代社会的物质面貌,创造了许多人间奇迹。在现代化和全球化的进程中,在建设现代社会的过程中,工程师发挥了关键性作用,从而也为自己赢得了很高的社会声望和社会地位。

从历史上看,在中国的古代,尽管一些工程指挥者具有官位,有的甚至官位和地位还很高,但是他们自身的理想并不是成为工程师,而他们受人尊敬也首先是因为他们是官员——一个具备成为优秀工程师潜能的技术官员。而工程师在社会的角色是被动的,当官府需要的时候,这些人才能成为工程师;在官府不需要的时候,这些人要么成为其他领域的官员,要么是一个从事其他职业的人。在西方古代社会,这种情况也同样存在。比如古埃及、古罗马的工程师现今能知道名字的不过30余人,大批优秀的工程师或许由于所主持工程项目的保密性而被发配或被迫害了。

现代社会对工程师的认识发生了巨大的变化，工程师在工程创造中担任越来越重要的角色，工程师这一职业在获得比较独立的社会地位的同时，也被越来越多地赋予更多的社会责任。现代社会各个国家在国家发展和经济发展的过程中，大量的工程几乎都由本国工程师亲手建成，工程师成为现代工程活动的核心。

尽管工程师是受人羡慕的职业，但不可否认，当前国内外还存在着工程师的社会作用不被了解和理解、工程师的社会声望偏低的现象，工程师还远未成为对广大青少年来说有强大吸引力的职业。在中国，"学而优则仕"的信条仍普遍根植于人们心中，而那些学习金融、从事金融的群体，一直存在"赚大钱"的示范效应，使工程师的社会地位难以提高。近年来，"逃离工科"愈演愈烈，历次国际工程教育年会上，众多专家不断发出呼吁："回归工科！"联合国教科文组织的统计数据显示，中国的大学中，工科生占在校生总数的 35% 左右，居世界之首，而在西方一些发达国家，这一比例甚至不足 10%。2016 年，我国工科在校生约占高校在校生总数的三分之一，工科本科在校生 538 万人，毕业生 123 万人。但令人忧虑的是最优秀的学生考工科的越来越少了。

谈到工程师，许多人都会情不自禁地想到科学家或企业家。从人数上看，工程师的人数要比科学家或企业家多得多；从社会作用上看，工程师与科学家、企业家都有重要的社会作用，人们不应抑此扬彼或抑彼扬此。但目前的实际情况是，社会在对企业家、科学家和工程师的认知上出现了明显的"不平衡现象"。在社会舆论上，工程师的社会作用被严重忽视和低估了；在社会声望和社会影响方面，工程师工作的性质和意义未能被社会充分了解和理解，工程师的社会声望被严重地"打折"和"转移"了。

尽管工程师对社会福利和财富有很大贡献，可是，他们却缺少应有的承认。美国工程院的一项调查表明：许多人根本区分不出科学家、技术员和工程师，不能自然而然地把工程与技术创新联系起来。尽管"阿波罗飞船"实实在在是工程成就，然而许多人仍然把这些成就归功于科学家而不是工程师。在中国，这个现象也同样存在。在一些场合,人们常常把科教兴国的"科"仅看作是科学,在他们脑海中,科教兴国就是科学和教育兴国。而技术和工程不过是科学的附属品,技术不过是科学的应用,工程不过是技术的应用。与之相关,人们也往往把尊重人才主要看作是重视科学家,或者还包括敬佩杰出的发明家,工程师则可能不被看重,通常是名不见经传。即使是高级人才,教授的名声常大于"高工",工程院院士的威望略逊于科学院院士。在教育观念上,不少人自觉地认为,一流人才应学理,二流人才可学文,三流人才去学工。

工程技术和建设是我国经济和社会发展的重要支柱,工程师群体将对推进中国成为世界强国起到积极和重要的作用。尽管我们有这么多的优质生源,但还有很大的人才缺口。统计数据显示,到 2020 年,新一代信息技术产业、电力装备、高档数控机床和机器人、新材料等专业将成为人才缺口最大的几个专业,其中新一代信息技术产业人才缺口将会达到 750 万人。到 2025 年,新一代信息技术产业人才缺口将达到 950 万人,电力装备的人才缺口也将达到 909 万人。

社会不仅要关注一般的工程师群体,更要关注"工程大师"。在我国,华罗庚等科学泰斗对于科学的发展和提高科学家的社会声望发挥了非常重要的作用,同样地,我们也应该深入研究侯德榜等工程泰斗、工程大师的作用,充分发挥工程泰斗和工程大师超常的创新能力、卓越的典范作用和领导潮流能力。我们迫切呼唤新时代工程大师的出现,而这些大师的出现除其自身的努力外,还与卓越的工程师培养体制和社会舆论的传播密不可分。没有工程就没有现代文明,现在更多的人开始意识到社会的发展依赖于工程技术的支撑,随着新技术革命的发展,越来越多的新工程领域代替传统工业领域后,中国必将迈入工程强国之列。

三、当代中国工程师的社会作用

(一) 工程实践的倡导、组织和实施者

工程师群体在我国经济、政治、文化领域发挥着重大作用。从新中国成立到

改革开放之前,中国工程师就完成了武汉长江大桥、南京长江大桥、成昆铁路、湘黔铁路、兰新铁路、康藏公路、青藏公路、新藏公路,还有两弹一星,鞍钢、武钢等钢铁基地的建成,大庆油田、大港油田、胜利油田的发现与开采,还包括新安江水库、上海港、一汽和二汽两大汽车基地的建成。

改革开放40年来,中国工程师更是在大江南北施展才华,完成了大批世界瞩目的工程项目,如大秦铁路、青藏铁路、秦山核电站、大亚湾核电站、葛洲坝水利枢纽工程、三峡工程、西电东输、南水北调等大型工程项目。同时,我国的工程环境也发生了历史性的变化,形成了比较完整的工程教育、工程研究、设计和技术开发体系,建立了较为完备的工程学科领域,形成了相当规模和水平的工程技术人才队伍。一系列国家重大工程建设获得成功,国家重大技术装备制造水平和自主化率稳步提高,高技术研究和高新技术产业取得明显进步,这些举世瞩目的成就与全国工程师们的努力是分不开的。

工程师在担负起国家及部门管理和领导职责方面也发挥了积极有效的作用。中外发展的历史表明,工程需求提供的任务和岗位为产生优秀的工程科技人才提供了肥沃土壤。以美国为例,上世纪40年代的曼哈顿原子弹工程、60年代的阿波罗登月计划、90年代的信息高速公路计划等重大工程培养和造就了一大批工程科技人才,美国也由此成为世界最强的大国。近年来,中国工程师在高铁、桥梁、港口、信息工程等领域完成了大量举世瞩目的工程,影响力已经是世界范围的。

蜚声中外的飞行大师冯如是一位杰出的爱国者。他幼时由于生活所迫,由一位亲戚带往海外谋生,离开故乡广东到美国当了勤杂工。他看到美国机械制造工业发达,就立志苦学工程技术。于是他设法进了一家工厂,一面做工,一面学习技术。后来,日、俄两个帝国主义国家为了争夺我国东北,在中国的土地上进行了一场肮脏的战争。冯如对于帝国主义践踏祖国领土的行径万分愤慨,他立下志愿:"誓必身为之倡,成一绝艺,以归饷祖国。苟无成,无宁死。"他拿着飞机模型,深入华侨之中,宣传制造飞机抗击列强侵略的主张。华侨们纷纷出钱支持,成立了一个"广东制造机器公司",制造飞机。冯如在试制飞机的过程中,遇到了很多困难和挫折,但他发誓:"飞机不成,誓不回国。"他和学徒们节衣缩食,顽强劳动,刻苦钻研,经过两三年的努力,飞机终于试制成功。

1910年,27岁的冯如怀着为中国人争气的豪情,驾驶着自己设计、制造的飞机,参加了国际航空比赛。他的飞机无论是飞行高度、时速,还是飞行距离,都超过了国际上的飞行成绩,最终获得了优胜奖。冯如的成就使他誉满海外,美国人想用重金聘他教授飞行技术,被他拒绝了。他说:"我们不能忘记祖国。我衷心希望把自己菲薄的才能,贡献给祖国。"1911年,他带了两架飞机回国,并成立了"广东飞行器公司"。回国后,满清政府怀疑他在国外同革命党有联系,不敢重用他,并对他严加监视。辛亥革命后,冯如参加了革命军。1912年8月25日,为唤起各界对航空技术的重视,他经批准进行飞行表演。在这次表演中,由于飞机已闲置一年多,有些机件已经生锈,在飞行过程中不幸出了事故,年仅29岁的冯如重伤后牺牲。他为中国的航空事业献出了生命。

(二) 技术创新的引领者

工程师群体对我国坚持走中国特色自主创新道路,提高自主创新能力起着至关重要的作用。国际竞争从根本上说是科技的竞争,特别是自主创新能力的竞争。我国人均能源、水资源、土地资源的供应严重不足,生态环境十分脆弱,对经济发展构成日益严峻和紧迫的瓶颈约束。在经济全球化进程中,中国企业面临着越来越激烈的国际竞争压力,坚持走中国特色自主创新道路,提高自主创新能力是根本出路。

2016年5月,科学技术部、中央电视台联合制作的纪录片《创新之路》开播。《创新之路》从第一次工业革命开始,探讨历次工业革命、科技创新为不同国家、产业带来的命运转折。在空间上,摄制组奔赴工业文明以来相继崛起的世界创新强国,寻找它们创新成功背后的机制,发现它们走过了哪些弯路,最终以纪录片的形式,生动地展现出来,希望为决策者提供依据,为实践者提供借鉴。

如今，"创新"已经成为中国发展的关键词，创新究竟是什么？创新应该怎么做？中国创新有过怎样的成绩，而未来又该寻找怎样的道路？这就是十集纪录片《创新之路》思考和创作的出发点。《活力版图》《科学基石》《放飞好奇》《大学使命》《一次飞跃》《政府之责》《市场为王》《资本之翼》《一个人的力量》《未来》，逐一探讨科学、教育、政府、市场、法律、资本、人才等因素如何影响创新，它们不是提供一种具体的创新方法，而是提供一种思考，一种方向，一种规律。

2018 年 1 月 22 日，《创新中国》在中央电视台纪录频道首播，这是继《创新之路》之后又一部讲述中国最新科技与工程成就和创新精神的纪录片。它关注最前沿的科学突破、最新潮的科技热点，共分六集，分别聚焦信息技术、新型能源、中国制造、生命科学、航空航天与海洋探索等前沿领域，用鲜活的故事记录当下中国伟大的创新实践。该纪录片在全国各地、各个行业，甄选了一系列具有代表性的案例和故事，展示了近年来中国科技和工程领域的重大进步，打造了一部既富含科学精神又具备人文关怀的精品纪录片。

在工程创新中，中国也走出了自己的独特道路，那就是擅长对新技术的综合创新。中国的工程师是有资格获得工程界的诺贝尔奖的。

（三）社会责任的担负者和推动者

2004 年，以"工程师塑造可持续发展的未来"为主题的世界工程师大会在中国上海召开，这个主题告诉我们，工程师对于人类的未来是多么重要，同时也告诉我们，培养造就适应时代的合格工程师是何等重要！

现代工程的规模不断扩大，其触角已经深入到社会的各个角落，工程结果的好坏直接关系到社会公众的安全、健康和利益。而无数的事实表明，现代工程既有正面的、好的、符合预期的效果，也有负面的、坏的、不可预料的影响。所以，现在社会要求工程师把对公众负责放在首位。就是说，工程师在面临雇主的保密、忠诚和利润的要求与涉及到公众的健康、安全和福利的问题的选择时，工程师的伦理责任要求将公众的利益置于首要的地位。

20 世纪中期以来,科学技术取得了惊人的发展,不但大大增强了人类影响自然的能力,而且它已成为一种与自然力相匹敌的强大力量。但这种力量在运用不当和失去控制的情况下会造成不良后果,引起一系列影响人和人类未来的极其复杂的社会问题,以及浪费资源、污染环境、破坏生态平衡的生态危机。

现代社会的物质面貌是由工程师的活动塑造的,为了建设工程强国,我国需要有大批能够领导和实施工程创新的人才,需要有大批实干的工程人才。我们的时代迫切呼唤侯德榜、茅以升那样的工程大师涌现,迫切呼唤像发明群钻的倪志福、抓斗大王包起帆那样的工人发明家和工程师,以及大批优秀的工程创新集体。新世纪以来,青藏铁路、水稻计划、三峡工程……一系列大工程的完成,证明了中国力量。世界的目光已经聚焦中国,中国是制造业大国,未来的中国需要大批有理想、有担当的工程师,工程师在中国的前途不可限量。

第二章　工程责任与工程伦理

一、工程师的品质与社会责任

（一）一种奇特的戒指

加拿大的魁北克省有座著名的桥梁——魁北克大桥（Quebec Bridge），这座桥梁跨越圣劳伦斯河，连通魁北克市东部和西部，是公路、铁路、人行混合大桥。今日的魁北克大桥远远望去雄浑有力，充满了钢铁桥梁的力量之美，而且至今仍然是世界上最长悬臂跨度的大桥。大桥为铆接钢桁架结构，全长987米，宽29米，高104米；悬臂177米，中央桥体结构长195米，总跨度549米。

可是有谁能想到，这座桥是在两次重大灾难之后才建成的，对于桥梁建筑师乃至世界各类建筑师来说，其更大的意义不在于桥梁本身的使用价值、实用性和建筑美学价值，而在于它的两次灾难，尤其是第一次灾难给工程界提出的警示。

圣劳伦斯河是魁北克最重要的河流，在19世纪一直是加拿大魁北克地区最重要的交通线，但是随着城市的发展，魁北克越来越需要一条跨越该河的交通桥。1887年，魁北克市成立了魁北克桥梁公司（QBC）并筹集到资金，准备建造大桥。但是圣劳伦斯河水流湍急，施工难度很大。QBC的总工程师是爱德华·霍尔

(Edward Hoare)，他之前从没有建造过跨度超过 80 米的桥梁的经验，于是公司聘请了当时著名的桥梁建筑师西奥多·库珀（Theodore Cooper）。该桥最初由凤凰城桥梁公司提供设计方案，其中主跨的净距为 487.7 米，库珀为减小水中建筑桥墩的不确定性和降低冬季冰塞的影响，将桥的主跨增加到 548.6 米。大桥随后顺利开工建造，但是到了 1907 年，施工人员发现，该桥弦杆变形，弦杆上已打好的铆钉孔不再重合，由此受压较大的杆件出现了弯曲，而且更为严重的是，这种弯曲明显在加剧。

库珀发现了问题，但他并不认为这有多严重。到了 8 月 27 日，工地施工人员因桥梁结构变形越来越严重不得不暂停施工，此时库珀才意识到问题的严重性。8 月 29 日，公司高层开会决定第二天拿出解决方案，却在会议当天下午 5 时，大桥发生了坍塌，导致 75 人罹难。

事后，项目单位展开事故调查，调查表明，倒塌的原因是设计工程师低估了结构恒载，导致悬臂根部的下弦杆失效。即杆件存在设计缺陷，部分构件实际受到的应力超过了设计时估计的经验值。

1913 年，从灾难打击中重新振作起来的工程人员开始了大桥重建工作，这次的设计保险系数更大了，新桥主要受压构件的截面积比原设计增加了一倍以上，但是，让人无法接受的是，灾难再次发生了——悬臂安装时一个锚固支撑构件发生断裂，导致大桥中间段坠入河中，致使 13 人丧命。施工再一次被叫停。事实上，直到 1922 年，魁北克大桥才得以建成。

两次工程灾难并非没有价值，它将工程师的资格和责任问题提到了前所未有的高度，同时也对工程师的教育提出了更高要求。以此为警示，加拿大的七大工程学院（即后来的"The Corporation of the Seven Wardens"）一起出资将该桥倒塌的残骸全部买下，设想将这些钢材打造成一枚枚戒指，发给每年从工程系毕业的大学生。但由于当时加工技术的限制，桥梁残骸的钢材无法被打造成戒指，他们只能用其他钢材代替，戒指也被设计成扭曲的钢条形状，以体现出桥坍塌的残骸。

后来,这一枚枚戒指就成了闻名工程界的工程师之戒(Iron Ring)。这枚戒指戴在未来工程师的小拇指上,不仅给予他们骄傲与荣耀,同时也赋予他们责任与义务,以及对工程的敬畏和谦逊。这枚戒指的菱角设计还包含着另外一层含义:人和戒指一样,会经历无数的磕磕碰碰。随着时间的冲刷,戒指上的棱角会被消磨。而这消磨的过程也正是对人从莽撞到老练,从稚嫩到成熟的最好烙印。

和工程师之戒同时产生的是在工程界闻名的一个仪式——召唤工程师仪式(The Ritual of the Calling of an Engineer)。该仪式专为每年从工程系毕业的学生举行,在这个仪式上,工程系毕业生要宣读工程师的责任和义务,并领取工程师之戒。

(二) 远大的志向

不忘初心,方得始终。工程师的初心就是其年轻时树立的远大志向。古往今来,每一个对人类有所贡献的人,都有坚定的志向、远大的目标。明代学者王守仁说:"志不立,天下无可成之事。"历史上每一项伟大工程的完成,每一项科研成果的取得,都需要工程师和科技工作者付出艰苦的劳动,长期的工程实践活动造就了工程师敢于吃苦和献身的精神。这来自于他们的远大志向和对事业的执着追求。这与他们在儿时或者青年时期的立志是分不开的。每一个成功的工程师实际上都在圆梦——圆"工程师"之梦。

苏联飞机设计家雅科夫列夫读小学时就立志造一架滑翔机。后来滑翔机制成了,他又有了新的目标——造飞机。经过不懈努力,在极端困难的条件下,他制造出了当时第一流的训练用飞机,还设计出当时最强有力的"雅科"式战斗机,为苏联反法西斯战争的胜利作出了积极的贡献。雅科夫列夫在回首往事时说:"在我生平的任何阶段上,都有一种希望,一种理想,一种目的,并尽一切力量来达到这种目的。"他还说:"我所爱好的人物都是终生坚毅劳动,都是为实现自己的目的而坚毅克服一切障碍的。我想同他们一样,也要做一种最重要、最困难的事情。"

我国著名的桥梁专家茅以升从小就立志"造桥"。他 11 岁时,高高兴兴地盼到了端阳节。那天，人们到秦淮河上看赛龙船，因人多，秦淮河上的桥被挤塌了，掉下去很多人。这件事在茅以升幼小的心灵中激起了不平静的浪花，他脑子里闪过一个念头："我长大了要造桥，一定要造得坚固。"长大后，他始终不忘初心，为了实现这个目标，他最终选择了学习造桥。1937年，由茅以升亲自设计的钱塘江大桥——中国人自己建造的第一座现代化的大桥建成了，桥梁通行的第一天，就有十万人走过。茅以升少年时的愿望终于实现了！

锐意进取的创新精神、锲而不舍的求真意志均来自坚定的目标。一般来说，一个人的志向越远大，追求的目标越高，才智就会发挥得越充分，也更容易取得创新成果。在逆境中知难而上，敢于与困难抗争也是工程师精神品格的具体表现。没有坚定的意志力，联想的创始人柳传志不可能从二十平方米的传达室走向联想帝国。大发明家爱迪生说过："伟大人物最明显的标志，就是他坚强的意志，不管环境变换到何种地步，他的初衷与希望仍不会有丝毫的改变，直到克服障碍达到目的。"在工程实践中，工程人员应该得到各方面的热情鼓励和支持。然而，由于种种原因，有时他们不但得不到鼓励和支持，而且会遭到白眼、误解、讥讽，甚至诽谤、迫害。但所有这些，对于一个有志向的工程师来说，与其说是给他增加了压力，不如说是给他增加了勇气。在任何情况下，他都能不顾一切，奋勇前进。

发明家和工程师富尔顿立志研制蒸汽轮船，经过艰苦工作，轮船终于制造完成，但首次试航时，有些人就开始讽刺讥笑，说这艘船叫"富尔顿的蠢物"。富尔顿对此并不介意，一笑置之。"富尔顿的蠢物"最终变成了"富尔顿的胜利"。近代蒸汽机车的奠基人斯蒂芬逊，在研制第一台机车时，也有人讥笑他说："你的火车怎么还不及马车呀！"由于这种机车排汽时声音刺耳，有人就与他吵闹，说把附近的牛吓跑了；又有人说车头喷出火星把附近的树烧焦了，等等。斯蒂芬逊不怕讥笑与责难，继续研究下去，终于制成了世界上第一台客货运蒸汽机车，开辟了陆上运输的新纪元。

（三）家国情怀

为什么从近代到现代,中国出现了一批批优秀的工程师?最重要的原因有三个:第一,国家命运多舛激发了他们强烈的社会责任感;第二,天翻地覆的社会转变激发了他们强烈的创新精神;第三,知识改变命运的信念激起了他们强烈的求知欲。在工程实践中,工程师的义务不仅仅是对雇主负责、忠诚于上司、服从上级的命令;作为一个群体,工程师更要担负起社会责任,更要爱国家、爱人民,具有家国情怀,他们对整个人类的文明和进步负有不可推卸的责任。

工程师的社会责任感来自于对自己的事业和对祖国人民的热爱。因为他们知道:现代工程师是技术变迁和人类进步的主要力量之一,对社会进步、国家发展和人类幸福负有重要的责任。他们的奋斗、坚持和担当,不仅决定着个体的成败荣辱,还将决定中华民族的未来。家国情怀使工程师更具有持久的创新动力。因为创新不是负担和义务,而是一种生命的本能,只有掌握知识以认识世界进而把握自身命运的深刻而隐秘的精神渴望,才能使工程师产生改变世界的伟大雄心。

1903 年,清政府决定修筑京张铁路。俄、英两国声称,如果没有他们,京张铁路就不可能修成。1905 年,从美国求学回国的詹天佑担任京张铁路的总工程师时,有人讽刺他"不自量力""胆大妄为",但他毫不畏惧地接受了任务。

当时,一些帝国主义分子挖苦说:"中国人想不靠外国人自己修铁路,就算不是梦想,至少也得五十年。"詹天佑认为绝不能依靠外国人。他说:"中国地大物博,而于一路之工,必须借重外人,我以为耻!"他勉励自己和同事:"全世界的眼睛都在望着我们,必须成功!""无论成功或失败,决不是我们自己的成功和失败,而是我们的国家!"

经过慎重的测量和周密的计划,詹天佑终于出色地完成了复勘定线的工作。当决定京张铁路要通过尽是悬崖峭壁的关沟地区时,外国工程师们惊异得议论纷纷:"中国能修筑关沟段的工程测量师还没出生呢!"詹天佑毫不气馁地反驳:"我们修筑铁路的工程师出生没出生并不是大事,大事在于我们的工程人员只要能相互帮助、相互依靠、精益求精,就一定能把这条铁路修筑成功。"詹天佑是我国杰出的工程师。他怀着"各出所学,各尽所知,使国家富强不受外侮,足以自立于地球之上"的爱国抱负,投身于祖国的铁路建设。

詹天佑亲自带领工程技术人员到崇山峻岭中勘测线路,背着标杆和经纬仪在峭壁上定点制图。更能载入史册的是,他创造性地设计了八达岭地段的"人"字形线路。施工时,他把总工程师办事处搬到了工地,同工作人员共同战斗。经过四年的艰苦努力,终于比原计划提前两年建成了这条铁路。詹天佑为中国科技事业和铁路建设事业所建立的功绩,永远受到人们的崇敬和纪念。

(四) 以人为本的追求

工程是物质领域的活动,其根本目的在于满足人的需要以促进人类的发展,所以它不可能仅仅是"以物为本",而必须"以人为本"。如果偏离了"以人为本"的旨趣,工程活动就会失去其本真的意义,甚至给人类造成灾难性的后果。工程师从不会把工程当成物来看待,而是把它视为人的一种存在。在进行工程活动时,始终将人的生命看成是最重要的,始终以满足人的需求为导向,同时不仅要考虑当代人的要求,还要顾及子孙后代的需要,以促进人的全面发展为目的。

工程师都是有人文关怀的,工程的最终目的是造福人类,因此,为了确保工程的力量用于造福人类而不是摧毁人类,工程师在实践中必须受到道德的监视和约束。法国剧作家 Marcel Pagnol 早在 1949 年就告诫人们要小心工程,因为它"始于缝纫机,止于原子弹"。工程是市场行为,时刻会受到来自各方面的利欲诱惑以及人类认识能力的局限,因此,尽管工程为人类作出了巨大贡献,但是如果缺乏道德制约,它对人类生活也会产生破坏性的乃至毁灭性的影响。

工程师的人文精神还表现在其工作的创造性与艺术性上。创造性是工程与生俱来的本质属性。美国的《"2020 工程师"愿景报告》提出,"工程"一词来自拉丁语"ingeniator",意思是独创性(ingenuity)。美国国家工程院院长威廉姆·沃尔夫对此作了进一步的阐释,他说"工程师所做的就是'在限制条件下设计'","工程是非常具有创造性的活动,而追求精致的设计则是最具创新性的活动之一"。罗纳德·E·格雷厄姆则认为"工程是运用科学最佳地转化自然资源以造福人类的艺术"。工程与艺术的最大共性在于:①追求独创;②满足人对和谐的审美需求;③遵从道德上向善或曰人文关怀的引导。工程的艺术性即在于此。

拉尔夫·约翰森在《科学还是艺术》一文中指出:"工程是艺术与科学的桥梁",简·格里森在 2000 年世界工程师大会中也提到,工程"介于科学与社会之间"。可见,工程既不是单纯的艺术,也不是单纯的科学,而是艺术与科学的桥梁,存在于科学、艺术与社会(包括人类需要)的交界点上。工程交融于科学、艺术与社会,但不等于三者的叠加。

(五) 保护自然的责任意识

工程无处不在,它从最初的两个分支(军事与土木)向着矿业、机械、化学、电子以及工业工程等延伸,一直扩展到人类物质生活的几乎所有领域。从某种意义上说,当代工程技术活动与自然环境恶化总有一定的关联。工程是人类改造自然以满足自身需要的一种实践活动,任何工程的实施都要对自然生态系统产生一定的影响。在当今时代,许多干预自然进程的工程活动的后果都是既危险又无可挽回的。历史经验表明,在人们赞美工程改造自然、征服自然取得胜利成果的同时,自然也在无情地报复着人类。工程活动不能无限度地索取、利用自然资源,而应从信奉"人是自然的主人"转变到"人是自然的一员"上来。它要求工程师首先要转变人是大自然的主人的传统观念,以未来的行动为导向,把自然看作是具有内在价值和有其自身权利的有机体,对其保持谦卑和敬畏的态度。

工程实践既要满足人的物质和精神需求,也要满足生态的需求,顺应和服从自然生态规律,提高人类整体生活质量,实现社会、自然与人类持续发展。在工程设计时和实施工程活动之前,工程师首先要"预凶",即在灾难还没有出现的情况下,为了预防灾难的出现而提前设想灾难的严重程度。对一个负责任的工程师而言,只有他充分预测不会对自然环境带来危险及灾害时,他才能允许工程项目进入实施阶段。再有,工程师通常是唯一具有掌握关于潜在的环境危害的知识并能唤起公众注意的职业权威人士。因此,工程师与我们普通公众不同,他们不但对自然负有更大的道义上的责任,同时又是保护自然环境、维护生态平衡以及维持经济可持续发展的有生力量。毕竟自然环境问题的彻底解决最终还是要依靠科学技术。

工程实际上是无边界的,工程师寻找改造宇宙与生命的方法,目的在于延伸我们的生命,提升我们的生活品质,改善我们的生存环境。现代工程已经成为一种全球事业,这就要求现代工程师要具有国际视野。现代工程全球性的基础是经济全球化以及现代科技的迅猛发展。人们越来越多地要求工程能够满足不断扩大的市场需求,以及在能源、环境乃至社会文化方面的需求。

(六) 团结协作精神

好莱坞大片《地心引力》曾在中国热映,影片中,中国的空间站"天宫一号"帮助美国宇航员回到了地球。尽管这是虚构的,但工程领域的国际合作早已广泛开展。

以著名空间工程——国际空间站为例,国际空间站的设想是 1983 年由美国总统里根首先提出的,经过近十年的探索和多次重新设计,直到苏联解体、俄罗斯加盟,国际空间站才于 1993 年完成设计,开始实施。国际空间站是一个由六个国际主要太空机构联合推进的国际合作计划。这六个太空机构分别是美国国家航空航天局、俄罗斯联邦航天局、欧洲航天局、日本宇宙航空研究开发机构、加拿大国家航天局和巴西航天局。参与该计划的共有 16 个国家或地区组织。欧洲航天局成员国中参与到国际空间站计划的国家有比利时、丹麦、法国、德国、意大利、挪威、荷兰、西班牙、瑞典、瑞士和英国,其中英国是项目开始之后参与进来的。国际空间站的各种部件由各合作国家分别研制,其中美国和俄罗斯提供的部件最多。这些部件中核心的部件包括多功能舱、服务舱、实验舱和遥操作机械臂等。空间站共有俄罗斯、美国、欧盟和日本发射的 13 个舱,总重量达 400 吨。它的顺利组装和运行,如果没有各国的协同合作是难以实现的。

工程实践是一种集体行为,是建立在集体智慧和协作的基础之上的,所以长期的工程实践使工程师逐渐形成了团结协作的团队精神。现代工程的每一个项目背后都有着一个强大的团队支撑,团队的每一个成员都是很重要的组成部分,项目成功的背后是每一个团队成员的辛苦劳动,而团队中有一个很重要的因素就是团队精神。团队精神是整个团队的中心思想的集中,它代表着团队的精神状态。

团队的合作体现出团队成员协作和共为一体的特点。团队成员相互依存,同舟共济,互相敬重,彼此宽容和尊重个性的差异,共享利益和成就,共担责任。团队的精髓就是"合作"二字。团队合作受到团队目标和团队所属环境的影响,只有团队成员都具有与实现目标相关的知识技能及与他人合作的意愿,团队合作才有可能取得成功。

我国的港珠澳大桥建设充分体现了团队合作精神,大桥的沉管隧道是我国建造的第一座外海沉管隧道,也是世界上最长的公路沉管隧道,隧道全长 6.7 千米。在建造过程中,总工程师林鸣和他的团队对沉管的设计、生产和安装技术进行了一系列创新,他们设计和建造的隧道由 33 节沉管和 1 个合龙段组成,从水泥配比的研发到安装,每一根沉管都几乎分毫不差地完成了"海底穿针",最终构成了港珠澳大桥的海底隧道部分。

这 33 节沉管制造和安装的背后是无私奉献精神和协作精神,与同类型桥梁的"百年寿命"不同,港珠澳大桥肩负着 120 年的使命,所使用的混凝土必须经过一次次的实验探索。为了确保混凝土有足够的强度、防腐性以及抗裂性,中交股份联合体港珠澳大桥岛隧工程沉管预制厂试验室技术负责人李超和实验室同事奋斗了七年。混凝土的每一个变量都要经过上百次的实验去验证。那时候每个人的身上都背负着巨大的压力,"工程背后的艰难,是外人很难想象的"。七年来,李超他们生产了近 100 万立方米的优质沉管混凝土,在实验过程中消耗了 6 台搅拌机,正式施工时使用了 200 万吨材料。

在实验室研发出混凝土配比后,沉管预制厂将组成海底隧道的一节节沉管制作完成,接着沉管安装船要将每节长 180 米的沉管运输到系泊位置,固定在 40 多米深的海底,误差不能超过 7 厘米。

负责沉管安装操作的沉管安装船津安 2、津安 3 总船长刘建港,为了能够尽快掌握安装船绞移操作工艺,带领两艘船的船员们在深坞里进行了上百次演练试验。33 节沉管,每一节沉管的安装过程对总工程师林鸣和船长刘建港来说都记忆深刻。最困难的是第 15 节沉管的安装——三次浮运,两次到达系泊位置时发现基床回淤后回拖。第一次在 2014 年 11 月 17 日,那天他们碰到了最恶劣的海况,珠江口的气温罕见地只有不到 10 度,海浪有一米多高,工人被海浪推倒在沉管顶上。尽管如此,工人还是护送沉管毫发无损地回到了坞内。第二次安装在 2015 年大年初六,为了准备这次安装,几百个人的团队在春节期间一天也没休息,但是当大家再一次出发后,现场出现回淤,船队只能再一次回撤。

当时压力很大,只装了 14 节沉管,还有 19 节沉管要装,这样下去这个工程还能完工吗? 拖回之后,许多人都哭了。第三次是在 3 月。这次当地政府给了非常大的支持,珠江口的采砂企业全部停工。参与这项工程的外国专家感到非常震撼,他说,这也就是在中国能做到! 如果事情发生在国外,早就停下来归责了。只有中国会讨论,如何以最快的速度让工程继续。为了回报社会各界的支持,在被各种原因影响了三个月的情况下,整个团队咬紧牙关,原计划那一年安装九节,结果完成了十节沉管的安装,从而保证了 2017 年 5 月最后一节沉管安装完成。

二、工程伦理

(一)挑战者号事故的原因

1986 年 1 月 27 日晚,美国佛罗里达州肯尼迪航天中心已经进入倒计时,准备第二天发射挑战者号航天飞机,但工程副主管罗伯特·伦德却遇到了一个麻烦。在当天早些时候,伦德主持了一次工程师会议,会上工程师们一致建议停止发射。因为天气预报称 28 日的清晨将会非常寒冷,气温接近－0.5℃,这是允许发射的最低温度。莫顿·塞奥科公司是制造与维护航天飞机 SRB 部件的承包商,该公司的工程师团队对过低的温度感到非常担心,主要是担心密封 SRB 部件接缝处的"O 型环",这个装置是用来密封助推器各接合缝的。低温会导致"O 型环"的橡胶材料失去弹性,因为"O 型环"的弹性会随温度的降低而降低。他们预计如果"O 型环"的温度低于 11.7℃,将无法保证它能有效密封住接缝。发射前一天夜间的低温,几乎肯定把 SRB 的温度降到 4.4℃这一警戒温度以下。因为以往的实验都是在 4.4℃以上进行的,这个温度之下是什么后果,工程师也只能推测。由于关系到七位宇航员的生命,结论似乎很清楚:安全第一,推迟发射。

但是,莫顿·塞奥科公司的管理层否决了这一建议,他们认为发射能够按日程进行。伦德的第一反应是延期发射,但公司管理层对伦德说了一番话,使伦德重新考虑了自己的决定。公司的领导梅森要求他更像一名管理者而不是像工程师那样思考,他说:"请抛开你的工程师身份,履行你的管理者职责。"伦德听从了他上司的意见,并改变了决定。

第二天,挑战者号航天飞机如期发射,但不幸的是,工程师的担心得到了应验。由于航天飞机右侧固态火箭推进器上面的那个"O 型环"失效,导致一连串的连锁反应,航天飞机在升空后 73 秒爆炸解体,机上的 7 名宇航员全部丧生。挑战者号的失事使人们更为重视对工程事故的研究。

工程事故,是指工程结构因自身缺陷或使用不当等原因造成破坏,无法继续完成其预定功能,或者对邻近建筑物和环境造成危害的事件。工程事故中一个重要的方面是工程质量事故,它是指由于建设管理、监理、勘测、设计、咨询、施工、材料、设备等原因造成工程质量不符合规程、规范和合同规定的质量标准,影响使用寿命和对工程安全运行造成隐患及危害的事件。随着社会的发展,工程质量事故频繁发生,成为危害生命的隐形杀手,如何避免这种事故的发生就成为了工程设计实施和管理者关注的焦点。

挑战者号的事故也引发了广泛的讨论,例如工程安全、工程师的道德规范、沟通与集体决策等。当初,伦德应该拒绝发射吗？当然,回头来看似乎是很明确的:应该。但是,如果我们能够预见事情的所有后果,那么我们原本应该怎么做也就不再是问题了。要公平地对待伦德,就要求我们去回答,是否只有当信息确切有效了他才能决定是否发射？我们需要考虑的是,伦德本身是一名工程师,他是否应该像一名管理者而不是工程师那样思考呢？

显然,管理者和工程师的思考方式是不同的,这涉及一个重要的话题,即工程伦理问题。工程师在处理与雇主的关系时,要做一个忠实的代理者或值得信任的人,要避免所有利益冲突,但更应该将公众的安全、健康和福利放在首要地位。

这就提出了一个问题:合格工程师的标准是什么？工程师的伦理是什么？工程师的伦理规范如何保证？试想,面对雇主的要求,如果可能对安全产生影响,工程师可以以个人的身份去反对并拒绝做该项工作吗？如果这样的话,他就面临被一名不持反对意见的工程师所取代从而失业的风险,因为雇主和客户会把工程师的这种个人疑虑当作是能力上的不足。所以,工程师如果要保留他的个人意见,就要面临巨大的心理压力和失去工作的风险,他作为工程师的利益和他作为雇员的利益就发生了冲突,他的良知和他的私利就发生了冲突。怎么办呢？最好的方式是提供一个工程师的职业章程或者职业守则,使工程师和管理者可以按章程做事。

(二) 工程师职业章程的提出

伦理学是研究人与自然、人与社会、人与人之间的关系的学问。工程伦理告诉工程师用什么样的准则来指导工程实践活动以及协调和处理上述关系。工程伦理所讨论的主要问题是:工程活动中关于工程与社会、工程与人、工程与环境的关系合乎一定社会伦理价值的思考和处理。

工程师作为工程活动的主体,在工作过程中会遇到各种伦理问题。工程师对于专业、同事、雇主、客户、社会、政府、环境所应担负的责任是什么？这都是工程伦理要回答的问题。工程师的行为选择是由一定的伦理意识支配的,他们根据一定的伦理价值标准,自觉自愿、自主自决地进行善恶取舍的行为活动。从工程师实践看,工程师在工程决策、工程实施、工程后果评估等阶段都存在诸如"义"与"利"的抉择、"经济价值"与"精神价值"的抉择、国家利益民族利益与全人类共同利益矛盾冲突、经济技术要求与人权保障矛盾冲突等问题。相对于法律责任而言,伦理责任是一种以善与恶、正义与非正义、公正与偏私、诚实与虚伪、荣誉与耻辱等作为评判准则的社会责任。

工程师对于自身工程伦理责任缺失也可以进行辩解,比如可以将责任分摊和社会惰化作为牵强的借口,但是工程师在依伦理法则行事上的自我约束力不够,才是最直接的因素。而工程师自控能力的弱化,和其缺少工程伦理教育有极大关系。由此,加强工程师的伦理道德教育,特别是职业章程的制定在工程建设中起着至关重要的作用。

早在1912年,美国就有了工程伦理章程,章程中包括：总则、工程师与客户及雇主的关系、工程记录和数据的所有权、工程师与公众的关系、工程师与工程协会的关系等具体要求。比如,章程提出,工程师应当努力帮助公众对工程事项有一个公正和正确的理解,拓展他们的一般工程知识,阻止不真实、不公平或者夸大的关于工程学科的陈述出现在报刊上或者其他地方,尤其是应该阻止那些妄意的言论。

（三）工程伦理的实践

现代工程活动使工程师扮演了一个极其重要的专业角色,工程自身的技术复杂性和社会联系性,必然要求工程师不仅精通技术业务,能够创造性地解决有关技术难题,还要善于管理和协调,处理好与工程活动相关联的各种关系。最重要的是,工程活动对环境和社会越来越大的影响要求工程师突破技术眼光的局限,对工程活动的全面社会意义和长远社会影响建立自觉的认识,承担起全部的社会责任,培养出深刻的伦理判断力,使其产生对自我职业的尊重与对社会应负责任的认知,建立具有伦理观念的工程环境,预防许多潜在的社会灾害。

工程师面临的多种"伦理困境",可能比其他行业更为复杂。其一,工程师受聘于甲方,而甲方可能从经济利益出发,或者受限于专业知识,主观要求工程师做出成本过低甚至"偷工减料"的设计。其二,工程师也可能在工程监理、咨询等业务中,因种种请托关系,为明知不合规范的设计放行。其三,工程师还可能责任心不够,勘察验证不足,客观上导致设计风险或失误。这些情形想要化险为夷、转危为安,除了技术等因素,还需要加强工程伦理教育。法律规范的调节只局限于那些基本性的、重大的、可以明确加以表征和控制的社会关系,只对那些触犯法律的行为予以追究和惩戒。从约束调节范围看,道德规范的调节范围则比法律要广泛得多,它渗透于人类行为的所有方面。它不仅谴责那些违法的行为,也谴责那些法律不追究但却是不善的行为。

在当今复杂的工程活动中,工程师既要对公众和自然负有伦理义务,又要对雇主、顾客和工程专业负有伦理义务。有时互相矛盾的伦理要求很容易引发一系列伦理问题,如利益冲突、对公众健康和安全的责任、贸易秘密和专利信息、承包商和其他人的送礼、研究和测试中的诚实、环境污染与防治等。解决这些问题的办法就是工程师提高伦理道德修养,以便抉择。

身为此专业的成员,工程师们背负着社会的期待,应展现最高标准的诚实与正直。由于工程对大众的生活质量直接产生重大的影响,工程师必须提供诚实、无私、公正及公平的服务,并应矢志维护民众的公共卫生、安全及福祉。工程师的专业行为,必须符合最高的伦理原则。即工程师要对雇主负责、对社会公众负责,也要对环境和人类的未来负责。表2-1列出了在工程活动各个阶段,工程师应该追问的道德问题。

表 2 - 1　工程活动各个阶段,工程师应该追问的道德问题

工程阶段	追问的道德问题
概念设计	有用吗? 是否合法?
市场研究	是否客观,还是做做样子?
确定规格	是否符合标准,理论上可行吗?
合同	费用、进度是否能实现? 是否故意压标?
分析	工程师是否有经验,判断是否可靠?
设计	有替代方案吗? 是否友好? 是否侵权?
选购	是否现场检验质量?
部件制造	工作场所是否安全、没有噪音和毒烟?
组装、建造	工人熟悉产品的性能目的吗? 谁监督安全?
产品最终检验	检验者是否受负责制造或建造的管理者领导?
产品销售	存在贿赂吗? 广告真实吗? 需要知情同意吗?
安装、运行	用户受训练了吗? 安全检验了吗? 邻居了解情况吗?
产品的使用	保护用户免于伤害了吗? 告知用户风险了吗?
维护和修理	定期由称职人员进行维护和修理吗? 还有充足备件吗?
产品回收	有监视使用过程,如果必要有回收产品的承诺吗?
拆解	如何对材料进行再利用? 有毒废物如何处理?

　　工程伦理学的目标是帮助那些将要面对工程决策、工程设计施工和工程项目管理的人们建立社会责任意识、社会价值眼光和对工程综合效应的道德敏感,以使他们作出符合人类共同利益和可持续发展要求的判断和抉择,为社会创造优质的产品和服务。

第三章　工程思维

一、从中学新课标谈起

目前迅猛发展的大数据、物联网、人工智能、网络安全、大健康等领域都出现了人才供给不足现象,暴露出我国工程教育与新兴产业和新经济发展有所脱节的短板。尽管我国拥有世界上最大规模的工程教育,工科在校生约占高等教育院校在校生总数的三分之一,但是,我国工科人才培养数量和质量还是存在很大不足。据统计,到 2020 年,我国新一代信息技术产业、电力装备、高档数控机床和机器人、新材料等专业将成为人才缺口最大的几个专业,其中新一代信息技术产业人才缺口将会达到 750 万人。到 2025 年,新一代信息技术产业人才缺口将达到 950 万人,电力装备的人才缺口也将达到 900 多万人。

2017 年 1 月 16 日,教育部举办新闻发布会,介绍《普通高中课程方案和语文等学科课程标准(2017 年版)》(以下简称"新课标")相关情况。该套方案和课标于 2017 年秋季开始执行。这意味着普通高中课程将面临大变革。新课标对技术类课程(信息技术、通用技术)进行了很大的修订。

信息技术课程旨在帮助学生掌握数据、算法、信息系统、信息社会等学科大概念,了解信息系统的基本原理及其对人类生活的重要价值。高中信息技术学科的核心素养包括信息意识、计算思维、数字化学习与创新、信息社会责任四个要素。课程设计上,信息技术课程除了突出算法学习,还加入了人工智能初步、三维设计与创意、开源硬件项目设计、移动应用设计等学习内容。

通用技术是指当代技术体系中较为基础,在日常生活中应用较为广泛,有助于发展工程思维和创造能力,提高解决技术问题的综合能力,是素质教育的基本组成部分。技术发展日新月异,大数据、人工智能、虚拟现实、新材料、新能源技术都开始走进日常生活,通用技术课程也应该与时俱进。

新课标提出通用技术学科要培养学生五个方面的核心素养,这五个方面是技术意识、工程思维、创新设计、图样表达、物化能力。这五个方面其实都是现代工程师需要具备的能力,也可以称为工程能力。工程能力,其实是一系列品质所产生的综合效应状态。

上述五个方面能力具体包括如下要求:

第一,技术意识。现代工程是建立在科学技术原理基础上的,是科学技术的具体运用,而技术意识是对技术现象及技术问题的感知与体悟。这需要学生形成对人工世界和人机关系的基本观念。比如,要知道计算机是如何工作的、内燃机是如何工作的;能就某一技术领域对社会、环境的影响作出理性分析,形成技术的敏感性和负责任的态度。比如,分析核能技术,知道技术具有副作用;能把握技术的基本性质,理解技术与人类文明的有机联系,形成对技术文化的理解与适应。

第二,工程思维。工程思维是工程活动中要进行的思维方式,它贯穿于工程实践的每一个阶段。工程实践的基本内容有计划、运筹、决策(目的、各种约束条件)、操作、作业、组织、协调、制度运行、管理等。每一步骤、每一阶段的思维都可以称之为工程思维。比如决策思维、过程思维、系统思维等,特别是以系统分析和比较权衡为核心的筹划性思维。学生需要认识系统与工程的多样性和复杂性;能运用系统分析的方法,针对某一具体技术领域的问题进行要素分析、方案构思及比较权衡;领悟结构、流程、系统、控制基本思想和方法的实际运用,并能用其进行简单的决策分析和性能评估。

第三,创新设计。产品创新、技术创新都是先由创意产生的,是一种创造性思维的过程。创新设计是指基于技术问题进行创新性方案构思的一系列问题解决过程。学生能运用人机理论和相关信息收集等综合分析技术问题,提出符合设计原则且具有一定创造性的构思方案;能进行技术性能和指标的技术试验、技术探究等实践操作,并进行准确地观测记录与信息加工分析;能综合各种社会文化因素评价设计方案并加以优化。

第四,图样表达。图纸是工程语言,是工程师之间、工程技术人员与施工者之间进行交流的标准文本。图样表达是指运用图形样式对意念中或客观存在的技术对象加以描述和交流。学生能识读一般的机械加工图及控制框图等常见技术图样;能分析技术对象的图样特征,会用手工和二维或三维设计软件绘制简易三视图、草图、框图等;能通过图样表达实现有形与无形、抽象与具体的思维转换。

第五,物化能力。物化能力是指将意念、方案转化为有形物品或对已有物品进行改进与优化的能力。学生能知道常见材料的属性和常用工具、基本设施的使用方法,了解一些常见工艺方法,并形成一定的操作经验的积累和感悟;能进行材料规划、工艺选择及其比较分析和技术试验;能独立完成模型或产品的成型制作、装配及测试,具有较强的动手实践与创造能力。

随着现代工程的发展,工程师的定义也正在悄然转变,美国工程院提出的面向 2020 年的工程师必须具备的关键特征是分析能力、实践经验、商务管理能力、伦理道德、终身学习能力。我们将这些能力与上述五个核心素养结合在一起,就构成了较为全面的现代工程师的能力要求。

二、工程争论

（一）争论反映出不同的工程思维方式

竞争和争论作为人类认识世界和改造世界的重要手段，已经渗透在各个领域、各个行业。毫不夸张地说，哪个行业有充分的竞争和争论，哪个行业营造并提供了充分竞争和争论的环境，哪个行业就必然产生更大的创新和取得更大的发展。工程，特别是建筑工程，作为人类重要的实践活动，从文明诞生之日起就伴随着竞争和争论活动，否则，我们就无法理解今天的建筑是如此百花齐放和繁花似锦，今天的建筑是如此日新月异和推陈出新。争论反映出工程师和设计师不同的思维方式和认识风格。

第二次世界大战后，由于各国经济、技术和文化发展水平的不平衡，城市建筑出现了风格多元化的局面，如讲求"理性"的"净化派"，注重精美技术的"技术派"，表现材料肌理的"粗野派"，追求古典构图美的"典雅派"，强调建筑个性的"象征派"等等建筑流派，这些风格和流派必然使有关建筑的争论达到前所未有的高度，产生前所未有的影响力。正是在这个时候，建筑的争论开始超出了学术研究的范畴，进入了公共视野。建筑的争论从学术范畴转向社会文化范畴。

由皮亚诺和罗杰斯设计的法国蓬皮杜中心，外墙用了大量裸露的管路，外观就像一个炼油厂。在20世纪60年代亮相巴黎的日子里，曾引起巨大的争议，这一建筑就是表现材料肌理的"粗野派"的典型之作。别说保守的法国人，就连那些追求时尚的市民也无法接受这个"肚肠露在外表"的工厂式建筑，于是一场争论不可避免，但这种由创新观念引出的反传统设计，毕竟鲜明地反映了时代的新变，甚至可以视为60年代末期法国社会变革的视觉展现。后来，蓬皮杜中心成了各国游客游览巴黎不能不造访的文化中心，它集艺术收藏、展览、图书馆、电影资料等文化功能于一体，每年吸引600万观众。与之相隔20年，由佩雷设计的法国国家图书馆（也称密特朗图书馆）也是这样，它的造型如巨大的打开的书本，在人们的争议中成为塞纳河畔的亮点。在夜间,它朝向河流的立面是两块面积极大的屏幕,与它的功能相吻合,发布着最新的图像信息。

一位建筑师曾说过,一个建筑的最后设计,往往不是取决于建筑师本人,而是取决于一个时代的经济和政治。就社会文化而言,哲学、伦理、宗教、美学、科技发展、社会转型等都对建筑产生影响,从而对建筑评价有重大影响,因此,有关建筑的争论不能仅仅从建筑本身考虑,还要从建筑和其他社会因素的相互关系中去认识。

上世纪 80 年代,我国开始对常导型磁浮列车进行研究,磁浮列车由此走进国人视野。磁浮技术是指利用电磁感应原理,以直线电机驱动车辆,使列车克服重力悬浮或吸浮于轨道运行的一种技术。由于列车悬浮于轨道,不产生轮轨摩擦,只受空气阻力影响,高速磁浮列车的时速是既有高铁的两倍以上,与飞机差不多,因此被比喻为"贴地飞行"。1990 年,当时的铁道部提交了《京沪高速铁路线路方案构想报告》,但直到 1997 年,京沪高铁是否启动仍悬而未决,中国高铁是采用轮轨技术还是采用磁浮技术,引起了激烈争论。

轮轨技术的最大优点是技术成熟、安全可靠、操作性好;高速磁浮的最大优点是速度快、爬坡能力强、铁路选线空间大。不分伯仲、各有长短的两种技术路径,使争论持续了近 7 年。最终,综合多方因素放弃磁浮技术而选择轮轨技术。2004年 1 月,国务院常务会议批准京沪高速铁路采用轮轨技术。2006 年起,中国铁路迎来了历史上的"黄金十年",投资规模、建设规模屡创历史新高。伴随着中国高铁运营里程跃居世界第一,中国铁路的高速轮轨技术也跨入世界先进行列。

铁道专家认为,磁浮技术不及轮轨技术普及的原因主要有三:一是磁浮列车进入商业运营规模有限;二是磁浮技术的造价要比轮轨高;三是其与中国既有铁路体系兼容性差。比如说修了北京至上海的磁浮铁路,那么从上海到东北或到西北去的旅客,必须要换乘别的轮轨技术列车才能到达,这就给旅客带来不便,也会因此丢失一部分客流。

（二）争论的意义

毫不夸张地说,没有任何事物能比建筑更集中地体现出人类的文化理想、艺术智慧与科技水平,特别是它们三位一体的集合面貌。因此,建筑工程争论也表现为科学技术争论、艺术争论和文化争论的结合。既然不同观点、学派的形成及相互之间的争论是不可避免的,那么就要坚持"百花齐放,百家争鸣"的方针,同时要坚持实事求是的原则,保持宽容的胸襟和包容的态度。将争论变成对个人的人身攻击甚至谩骂,都违背基本的科学精神,最终自然也不利于对问题的认识,这一点在建筑争论中也时有发生。

重技术的人认为,建筑发展的动力来自技术。如果没有框架、框架剪力墙、框架式空心筒体、筒中筒、筒束、空心桁架筒体等新型结构体系问世,以及钢结构、预应力混凝土结构的出现,建筑焉能升向高空? 计算机、结构测试技术等又是建立新型结构体系运算技术的技术。薄壳、望架、悬索以至充气结构的出现方使超大跨度建筑成为可能。新型建筑材料是新型结构技术、构造技术的孪生物。如各种高强合金、高强混凝土、高强陶瓷材料、高强轻质受力材料和以复合材料为主体的装饰材料等,都在不断地改变着建筑世界。

反对观点认为,技术固然有进步和落后之分,技术也存在理性的科学标准和效率与效益标准,建筑造型的审美判断也要求有一种理想的客观性,比如符合黄金分割规律的就是美的等。然而其标准也带有很多的主观因素,如社会道德准则等。例如,古希腊、古罗马时期被奉为爱神的维纳斯的裸体雕像,在欧洲中世纪时期则被认为是邪恶的而要被砸碎。同样,西方古典建筑的穹顶形式在中世纪也被认为是异教徒的标志而遭到非难。诸如此类的争论都是由于社会道德准则的不同而产生截然相反的审美观。很显然,建筑审美不只是理性人类的权利,而且也是人类理解自己和理解世界的一个基本部分。

除技术和美学考虑外,一些工程的争论还直指工程伦理和环境问题。自 2011 年日本福岛核事故之后,国内 3 座正在建设的内陆核电站全部停工,至今仍未破冰。随着 2015 年辽宁红沿河核电二期工程获批，重启内陆核电的呼声也越来越迫切。然而，围绕内陆核电的争议却从未止息。事实上，内陆核电问题不是技术问题，内陆核电的安全要求和沿海核电没有根本性区别。2015 年全国两会期间，李克强总理在政府工作报告中再次提及"安全发展核电"，并强调"能源生产和消费革命，关乎发展与民生"，体现了政府工作层面上对这项工作的重视。

三、技术理解力与创新思维

（一）技术理解力与解题思维

人类因为善于使用工具，从而成为地球的主人。伟大的工程师只有善于使用现代工具，才能获得卓越的能力，从某种程度上说，工程师的能力取决于他所使用的工具水平。2015 年全球发表有关癌症的研究文献为 44 万篇，最勤奋的医生一年也只能看 1000 篇，可是 IBM 公司的智能机器人十几分钟就能看完，不但能全面记忆，还能进行总结分析。如果我们的工程师能够善于使用这些现代技术工具，其能力将会产生几何级数的倍增。工程师的知识结构中不仅要有专业知识，更应该有现代技术工具。应用现代技术工具仅仅是工程师的基础性标准，而最终目标是"技术理解能力"的提升。

技术理解力不仅指对新技术方向的理解和敏锐，还包括对技术研发和实施的执着。事实上，上文提到的高中新课标提出的培养学生五个方面的核心素养，即技术意识、工程思维、创新设计、图样表达、物化能力，都与这种思维有关。首先，对技术的理解力要求工程师要有很强的技术意识，因为现代工程是建立在科学技术原理基础上的，是科学技术的具体运用，而技术意识是对技术现象及技术问题的感知与体悟。同时，新技术仅仅是设想，需要通过图样表达，即运用图形样式对意念中或客观存在的技术对象加以描述和交流。然后，将意念、方案转化为有形物品或对已有物品进行改进与优化，能进行材料规划、工艺选择及其比较分析和技术试验；能独立完成模型或产品的成型制作、装配及测试，具有较强的动手实践与创造能力。

工程师总是以追踪问题并解决问题为己任,有人称之为工程师文化(Engineering Culture)或解题思维,一言以蔽之,就是一切以解决问题为导向的工作文化。真正的工程师一般还会强调"发现问题—了解背景—分析问题—集思广益—制定计划—解决问题"整个流程。必要时,工程师可以放弃了解和分析问题,而直接解决问题(在很多时候这是可能的),在事后才分析问题的缘由。工程师还要理解理论模型和实际情况总是存在差异,有的纸面方案,即便在模拟中性能优良,在实践中也未必可行或有优势。在成本允许的情况下尽可能试错才是关键。

美国学者尼尔·布朗出版过一本非常畅销的书,名字叫《学会提问》,书中提到两种常见的思维方式,一种是海绵式思维,这种思维是不断吸收外部知识,是被动的,不需要你绞尽脑汁冥思苦想,因为来得轻松而又快捷,但海绵思维的缺点是对各种纷至沓来的信息和观点如何作出取舍,它提供不了任何方法。另一种是淘金式思维,这种思维不是强调单纯知识获得,而是重视获得知识过程中与知识展开积极互动,要求提出一系列问题,旨在找出最佳判断或最合理的看法。比如,看到关于讨论美国该不该禁枪支的文章,海绵式思维的人会花工夫记住文章提出的,无须更严格的枪支管制的几点理由,而淘金式思维的人就会发现作者论述存在的不足,提出一系列的质疑和问题,他要和作者互动。

(二) 创新思维与批判性思维

产品创新、技术创新最初都是由创意产生的,是一种创造性思维的过程。创新设计是指基于技术问题进行创新性方案构思的一系列问题解决过程。批判性思维是指保持一种怀疑的心态,不轻信别人的思想和理论,坚信任何思想都没有不受质疑的特权;其次,批判性思维是一种刨根问底的心态,不放过任何细节,善于在别人从未发现问题的地方发现问题;最后,批判性思维是一种高度审慎的心态,凡事都要靠可靠的证据来证明,符合逻辑推理才行。

批判性思维对于一个工程师来说是一项必不可少的品质，因为只有善于对他人的错误和局限进行批判，不盲从权威，超越前人，才有可能创新；同时，只有善于对自己的错误和局限进行批判，不固步自封，超越自己，才有可能成长。耶鲁大学前校长理查德·莱文在一次演讲中提到："教育的目的不是学会知识，而是习得一种思维方式——在繁琐无聊的生活中，时刻保持清醒的自我意识（Self-awareness），不是'我'被杂乱、无意识的生活拖着走，而是生活由'我'掌控。"学会思考、选择，拥有信念、自由——这是教育的目的。他还提出："本科教育的核心是通识，是培养学生批判性独立思考的能力，并为终身学习打下基础。即应该把独立思考和综合判断能力放在首位，而不是获得特定知识的能力。"

20 世纪初，美国福特公司正处于高速发展时期，客户的订单快把福特公司销售处的办公室塞满了。突然，福特公司一台电机出了毛病，几乎整个车间都不能运转了。公司调来大批检修工人反复检修，可怎么也找不到问题出在哪儿。福特公司的领导火冒三丈，别说停一天，就是停一分钟，对福特来讲也是巨大的经济损失。这时有人提议去请著名的电机工程师斯坦门茨来帮忙。

斯坦门茨仔细检查了电机，然后用粉笔在电机外壳画了一条线，对工作人员说："打开电机，在记号处把里面的线圈减少 16 圈。"人们照办了，令人惊异的是，故障竟然排除了，生产立刻恢复了。

福特公司经理问斯坦门茨要多少酬金，斯坦门茨说："不多，只需要 1 万美元。"1 万美元？就只简简单单画了一条线！斯坦门茨看大家迷惑不解，转身开了个清单：画一条线，1 美元；知道在哪儿画线，9999 美元。福特公司经理看了之后，不仅照价付酬，还重金聘用了斯坦门茨。

不错，画那一条线是很轻巧，但这有赖于他的听、看、摸、敲，更有赖于他的学识和经验。而学识和经验，是他多年学习和实践的结果。可以想见，他曾为此付出了多少汗水和辛苦。

四、系统思维与整合思维

系统思维也称系统整合思维、筹划性思维、整体思维,它是指人们在考虑和处理复杂问题特别是工程问题时,始终从整体出发,从部分之间相互整合入手,去揭示或建构整体大于部分之和的机制。任何系统都从属于一定的超系统(上级系统),并且不可避免地包含某些子系统(下级系统),同时,历史过程也构成一个大系统,任何系统既是某个历史发展过程的结果,又是新的发展过程的起点,各类层级、各个发展阶段的系统之间存在着千丝万缕的联系。

然而,具备这种工程思维并不容易。我们很多人,甚至是工程技术人员通常更倾向于具体地(或者说片面地)而不是系统地思考问题。当问题陈述完毕之后,他们常常将精力放在需要改进的具体目标上。例如,如果问题描述的是一棵树,那么工程技术人员仅仅考虑一棵树;而在系统性思考框架中,我们不仅需要想象这棵树本身(正在被研究的系统),而且需要同时考虑森林(超系统)和树枝与树叶(子系统)。此外,将气候(森林的超系统)、木材(树的另一个子系统)以及叶子(树的组成元素)的细胞等因素考虑进来,也是非常有用的。从时间维度上看,工程技术人员很少会联想到这棵树的过去——种子、树苗状态,也很少考虑这棵树的未来状态——树木的用途或其"归宿"。而实际上,将这些状态纳入分析框架并形成思维习惯,将会收到事半功倍的效果。

中国古人早就利用过这种系统整合思维。公元前250年,李冰父子和四川人民,就修筑了由"鱼嘴"岷江分水、"飞沙堰"分洪排沙和"宝瓶口"引水三个分系统巧妙结合而成的都江堰系统工程。

宋真宗时代,皇宫内的一场大火,造成大片宫室楼台、殿阁亭榭成了废墟。宋真宗命丁谓负责重建宫殿。当时,要完成这项重大的建筑工程,需要解决一系列的难题。一是大批的废墟垃圾如何清理;二是从何处运进大量新土;三是如何解决运输问题。这三个难题,倘不统筹兼顾,而是各自分别解决,不仅要造成成本费用和时间上的大量浪费，而且施工现场很可能乱成一团，交通和生活秩序也要受极大干扰。

如果按现代系统思维的方法，这个问题可以通过建立系统模型，经过严格的计算，确定最佳方案。而在那个时代，丁谓不可能做到这些，但他却设计了一套原始的系统工程方案。他的方案是这样的：先开挖一条大水渠，将挖出的土就作为施工用的新土；将水渠引上水，将建筑用的木材、石料用船运过来，这样就解决了运输问题；等工程完工后，将水渠的水放干净，再将建筑垃圾填在空渠里，这样，这个水渠也完成了自己的使命，被重新填为平地。试想一下，工程还没有开建就挖凿似乎与建筑无关的大水渠，没有系统思维的人一定认为这是巨大浪费，是"胡干""劳民伤财"，然而这才是真正的智慧之道。

我国著名科学家钱学森曾主持中国的导弹研制工作。导弹的发射本身就是一项庞大的系统工程，从发射系统、燃料系统、多级系统到保护系统、控制系统、导航系统等等，每一个分系统又有若干个子系统。作为总设计师，钱学森既要解决重点难点，又要协调各分系统的进度。哪怕一个很小的子系统出了一点问题，都会影响整个导弹发射的准确性和准时性。因此，钱老深感系统论的重要性，知道只有从整体上看待每一个分系统、子系统的地位，从全局上来把握各分系统的作用和进度，才能顺利完成整个导弹制造和发射工作。钱学森后来对我国系统科学学科的发展作出了巨大贡献，还提出了一种系统思维方法——"综合集成方法"。钱学森晚年时，对科学进行了分类，突出了系统科学在科学体系中的地位，他将现代科学分为社会科学、数学科学、自然科学、系统科学、人体科学和思维科学这六大类，开创了一种新型的科学分类方式。

五、精益思维

2016 年中央电视台推出《大国工匠》系列节目，共八集，第一集《大勇不惧》，第二集《大术无极》，第三集《大巧破难》，第四集《大艺法古》，第五集《大工传世》，第六集《大技贵精》,第七集《大道无疆》,第八集《大任担当》。

其中在前三集介绍了中铁二局二公司隧道爆破高级技师彭祥华,他从 1994 年 7 月参加工作以来,二十多年如一日地坚守在工程建设一线,参加了横南铁路、朔黄铁路、菏日铁路、青藏铁路、川藏铁路(拉林段)等 10 余项国家重点工程建设。他多年战斗在祖国偏远地区,不惧艰辛,为祖国建设付出了青春与热血。还介绍了中国兵器工业集团首席焊工卢仁峰,他的工作就是把坦克的各种装甲钢板连缀为一体。这个左手残疾,仅靠右手练就一身电焊绝活的焊接工人,其手工电弧焊单面焊双面成型技术堪称一绝。还介绍了 FAST 工程开启了人类探索宇宙的新可能,但其施工难度超乎想象。起重工周永和经过反复思索,利用"墨子圆规"的古人思想和顺势而为的东方智慧,完美拼接四千多块面板,成就了能与星星对话的大型球面镜。

第四集《大艺法古》中,为了让极品宣纸再现于世,毛胜利依循古法,采用更为传统的擦焙方式,终再续传奇。孟剑锋依照古錾子上得到的启示路径,在厚度只有 0.6 毫米的银片上錾出细致的纺织纹理,以假乱真。王津参悟古法,谨遵先人教诲,终于让历史瑰宝双马驮钟扫尽尘灰,再度惊艳于世。裴永斌是哈尔滨电机厂车工,三十多年来主要负责加工水轮发电机的弹性油箱。他用手指触摸测量时就像可以透视一般,在挑战数控机床时,下刀依然完美精准。方文墨的工作是为歼 15 舰载机加工高精度零件。他自制改进工具数百件,加工精度逼近零公差。马荣是人民币人像雕刻的顶尖高手,在从传统雕刻工艺向现代数字化雕刻制版转变的过程中,她出色完成了雕刻制版任务,使刀成圣同样可换笔夺魁。高凤林是航天科技集团一院焊工,国家特级技师。他心怀梦想,心平手稳,焊接飞天神箭。中国高飞集团高级钣金工王伟,以肉眼难辨的误差为限,手工打造精美弧线,托举中国大飞机翱翔蓝天。

"工匠精神"近年来被频繁提起,由于以往太过于追求速度,我们在制造工程中常常漠视工匠,漠视工匠精神,也就是说缺少精益思维。"工匠"的缺失是一种价值取向的偏离,仿佛追求利益总是和牺牲质量相关;"工匠之心"的迷离,更让我们在世界品牌民族之林中无以立足。

在工程领域,精益生产的方式越来越被推崇,它强调工程的各个环节都必须运用"精益思维"。这种思维的核心就是在工程过程中的各个环节消除一切无效劳动和浪费,以提高生产率、减少等待时间、降低成本和改善服务。即精益思维指的是提高生产率、消灭浪费的持续努力,是采用高效率的方法努力做事,提高生产力。

今天,在产品过剩的时代,消费者对商品的品质有着更加挑剔的眼光。制造工程师只有对自己的产品精雕细琢、精益求精,才能创造百年品牌。优秀的技术人才必需具备"匠心精神",这是一种自觉的精神,这个时代需要这种精神的回归。放眼看世界,寿命超过200年的企业,日本有3146家,为全球最多,德国有837家,荷兰有222家。我们崇尚国际品牌,仰慕百年老店,更不可忽视它们的传承内涵。早在几千年前,庄子对作为中国传统文化精髓的"工匠精神"就有过"技进乎道"的简单概括,说到底,这种精神就是对所从事的职业、所做的事情有近乎强迫的专注、坚持,这是一种手艺人做人做事的态度。

这种手艺人做人做事的态度首先体现在追求极致的目标上。这是一种精神"钙质",固化成型,不可更改。现代社会中我们总是把99%等同于100%,其实在具有自觉精神的工匠手中99.99%也不等于100%,只有对自己锻造的精品持有执着的坚持和追求,精于工,细于术,才能不断地打造出惊世传奇。供不应求的产品为何价值连城,因为"没有第一,只有唯一""没有无穷,只有穷尽"之工匠精神已经在技艺精湛的师傅们的头脑中内化于心、外践于行了。

在社会风气日益浮躁和急功近利的不利环境下,价值取向越多元,精神坚守就越困难。只有耐得住"寂寞"、沉得住"心气"的工匠,才能不断锻造出精品。"敬业、乐业、精业"是"匠心精神"的内涵,"志于道,据于德,依于仁,游于艺"是保证技艺传承的法则,道德坚守还应该放在第一位,作为技艺的传承者,首先要有一丝不苟、精益求精的崇高信仰,对于自己制作的每一件作品要有道德之心。追求"没有最好、只有更好"是一种高远境界,成为一个匠心独运的好手,最起码要有一个恭敬的态度。

"匠心精神"是一种追求极致的自觉精神。只有耐得住寂寞,才能够把传统文化发扬光大。

六、审美与设计思维

谷歌、微软的设计师都曾说:未来大部分机构和组织都将以设计思维为主导来应对复杂的问题和挑战。关键是如何将这个有理性和创造性的思维模式普及化。这里所说的设计,不仅仅是服装设计、平面设计、室内设计,设计思维不是设计师的思维,设计也不局限于工业设计。设计思维中的"设计"既不是造型也不是审美,而是解决问题的思考方式,类似于"像设计师一样思考"。

那么设计师是如何思考的呢?与我们平时的思考又有何不同呢?我们为什么要像他们一样思考呢?设计思维与互联网思维、创业思维有关系,都强调没有条件同样可以成功、用户至上、体验为王。具体而言,设计思维展现了:什么都可以被设计,关键是掌握一套工具和思维。除商业价值外,还有社会层面的追求,即让世界变得更美好。

设计思维,简而言之,就是以人为本的思维。这一点在设计思维的每一个环节中都获得了深刻的体现,设计思维的主要环节包括:同理心——定义——构思——原型——测试——实施等几个阶段。首先,同理心——设计者首先要通过观察、互动甚至是亲身体验去了解客户的需求;定义——设计者明确要解决客户的哪些需求;构思——设计者准备通过什么样的设计来满足客户的需求;原型——用最短的时间和最低的成本做出解决方案;测试——请客户体验并点评解决方案;实施——将方案完成,产生积极效果。即设计思考是以同理心透过深度观察(实体与研究)来挖掘使用者的洞见(潜在需求),着重以人为本,整合可运用的科学技术以及商业计划的一种思维方式。它强调了如下理念：以人为中心，做中学（用手思考），行动导向（快速失败、快速成功），注重创新（创造力自信），以项目为基础的穿梭式协作，自组织协作，用户至上，注重反馈，意义引领，情感联结，体验营造（体验为王），内外相应，等等。

长期以来，我们的工科教育过于注重技术思维，培养出来的学生擅长与物打交道，拙于和人打交道，以至于社会普遍产生了对于"工科男"的揶揄。优秀的工程师既要善于驾驭物，更要深刻地理解人。他们是能够高超地协调人与物的关系并解决问题的艺术家。

七、决策思维与风险思维

（一）领导力与决策思维

工程师从事工程的过程是一系列的决策过程，工程师需要具备的能力之一就是决策能力，它是领导力的核心。工程思维是从筹划与确立项目开始的，即工程决策。一项工程是从哪里来的呢？工程活动与人的生存息息相关，从人与自然的关系中，就可以看出工程的起源，人一方面要利用自然，向自然索取，以满足基本生存需要，另一方面又不断遭到自然的威胁。同时，人又不断产生欲望和想象力，去超越现实，构造蓝图并努力实现，这些都导致工程决策的产生。

古代传说中有关于共工氏的记载。中国历史上最早的防洪工程是共工氏修筑的防洪堤。共工氏，姜姓，是炎帝的后裔。共工氏和他的儿子后土都对农业很精通。他们专注于农业生产中的水利问题。在考察了部落的土地情况后，他们发现有的地方地势太高，田地浇水很费力；有的地方地势太低，容易被淹。为了改变这种不利于农业生产的情况，共工氏发明了筑堤蓄水的方法。具体做法就是把地势高处的土运到地势低处填高，因为洼地填高可以扩大耕种面积，高地去平利于水利灌溉，对发展农业生产大有好处。共工氏在黄河中游流域用低处泥石修堤防，赢得声名。由于治水有功，共工氏在各部落中声名卓著，他的后代曾与大禹共同治水,在中国最早的文献中,称管水的官员为"共工"。

中国古代的帝王为了自己统治的巩固和扩展,为了自己的私欲,也不断在主导着工程实践,确立工程项目。最有代表性的要数中国的秦始皇。秦始皇(前259年—前210年),13岁继承王位,39岁称皇帝,在位37年。他不仅是首位完成华夏大一统的铁腕政治人物,更在工程方面颇有建树,决策并主持修筑了万里长城、灵渠、秦驰道、皇陵等大工程。

秦灭六国之后,中原得以统一,但刚刚统一的中原,各地原来的贵族势力还很强,若不保持中央同各地之间的交通和联系,国家随时会面临再次分裂的局面,所以要尽快建设道路,尽快改善中央到各地及其他各郡、县之间的交通和联系情况。由于多年的战争,原各诸侯国的农业设施受到很大的破坏,或因战争而年久失修,在统一后必须尽快恢复农业生产。为此秦始皇花费相当大的人力来疏通河道,修复水渠,畅通水路交通和保障农业灌溉。

秦始皇统一六国后,令太子扶苏、将军蒙恬集结30万大军修建了重要的军事交通工程——秦直道。这项工程可与万里长城媲美,堪称世界上第一条"高速公路",被誉为"世界公路鼻祖"。秦直道始建于公元前212年,工程历时仅两年半,就完成了选改线路、构筑驿站等繁重任务。工程之艰,速度之快,实为世界筑路史上一大奇迹。秦直道起点在陕西咸阳林光宫(故址在今天的淳化县),终点位于九原郡(今内蒙古包头境内),南北长700千米,东西宽50米,中经14个县,是秦朝国都通往北方阴山最为便捷的直道。秦直道最初的目的是用于军事交通,抵御来自北方大漠匈奴人的侵扰。直道宽阔平整,便于大型军事行动的迅速展开,有力地震慑了北方的匈奴人。秦直道的开通除威慑敌人之外,还对南北政令统一、经济繁荣以及文化交流起到了无可替代的积极作用。此外,为方便运送征讨岭南所需的军队和物资,秦始皇还命史禄开凿河渠以沟通长江水系的湘江和珠江水系的漓江。这条运河(又称灵渠)最终在秦始皇二十八年至三十三年(前219年—前214年)修成,是世界上最古老的运河之一,它自贯通后,两千多年来就一直是岭南与中原地区之间的水路交通要道。

秦始皇即位不久,便开始派人设计建造秦始皇陵。这一浩大工程从秦王登基起即开始,前后历时 30 余年,每年用工 70 万人修建。留存的秦始皇陵从外围看周长 2000 米,高达 55 米,内部装修极其奢华,以铜铸顶,以水银为河流湖海,并且满布机关,顶上有明珠做的日月星辰。仅从秦始皇陵的兵马俑,就可看出当年修建这座陵墓的百姓负担之重。直至秦始皇 50 岁去世安葬时(公元前 210 年),该工程还未竣工,秦二世时又接着进行了两年才终于建成,前后耗时近 40 年,可谓工程浩大。

领导力是卓越工程师不可缺少的软实力。领导力的关键有两个方面:一是用坚定的意志力来激励团队;二是用宽广的包容力来凝聚团队。头脑"一根筋"的人包容力往往相对不足,容易得理不饶人,越是杰出者问题常常越严重。"峣峣者易折,皎皎者易污",由于不善于与人合作导致伟大梦想最终折戟沉沙的例子比比皆是。面对难题如钢铁般坚韧,不言败,不退缩;面对矛盾如大海般宽阔,不固执,不撕扯。这种风范应该烙印在每一个工程师的心中。

(二) 认识工程风险

工程活动体系复杂、规模庞大、涉及因素众多,不确定性较大,也就是说凡是工程都具有风险。工程既有正面的积极作用,也有负面的消极作用,忽视工程的负面影响则是危险的。因此,工程师开展工程活动必须全面、通盘地考虑与权衡,而考虑与权衡的实质就是规避风险。工程思维要求工程师时刻想到风险与防范,即对风险识别和防范具有特殊的职业敏锐性。

风险是指遭受损失、伤害、不利或毁灭的可能性。主要有两种,一是自然风险,二是人为风险。人类成为地球的主人,享受着现代文明的成果,但也给地球带来了极大的破坏,给人类的生存带来了极大的风险。现代社会,人为风险更为凸显,且随着人类的活动,自然风险也变得更为频繁,危害也更为巨大。

工程风险指工程活动中的风险及工程活动完成之后随之而来的或潜伏较长

时间后产生的风险。工程风险已成为现代社会风险的重要来源。它包括技术风险和社会风险。技术风险如核污染与核泄漏、桥梁倒塌等;社会风险如工程移民问题、工程利益分配的社会公平性等。

1943年,意大利刚刚从第二次世界大战的硝烟中摆脱出来,为了获得重建所必需的电力供应,国会决定在意大利东北部阿尔卑斯山区修建一座当时世界上最高的大坝——瓦依昂大坝(Vajont Dam)。瓦依昂山谷独特的地理条件,成为实现上述构想的最佳地点:山谷呈葫芦型,谷口狭窄便于修建大坝;山谷内腹宽阔、深度大,能最大程度地多蓄水。根据规划,瓦依昂大坝的坝高达230米。

1956年,大坝正式开始施工。瓦依昂大坝的独到之处在于采用了双曲拱结构。双曲拱是意大利人异乎寻常的灵感与想象力在服装设计领域之外的卓越体现,这种坝体在水平和垂直两个方向都呈弧形,前卫大胆的设计使载荷施加在坝拱上,减轻了梁的载荷,不但受力条件更好,可以承载更强的负荷,而且坝身可以造得很薄,节省了工期和用料。1957年4月,瓦依昂大坝开工不到一年,罗马的政客们便放了一个大卫星:大坝改成为核电站配套服务的抽水蓄能电站,坝高从初始的230米增加到264.6米,这样就使水位上升到722.5米,不但在双曲拱坝中首屈一指,而且成为世界第二高的大坝;库容也增加到初始设计的3倍,达1.65亿立方米。

设计方案换了新的,总设计师也换了人,一颗新的"高产卫星"似乎就要冉冉升起了。然而瓦依昂山谷的地质构造却不是那么令人振奋:数千万年前这里是一片海洋,形成了石灰岩和粘土相互层叠的结构,石灰岩层间的粘土层在受水浸润时极易形成泥浆,使岩层间的摩擦力降低,存在滑坡的隐患。施工刚开始,工程人员就发现左坝肩岸坡很不稳定,根据瓦依昂河谷地质结构,有学者提出有产生深部滑坡的可能性,但设计师认为深部滑坡不可能发生。1959年秋天,瓦依昂大坝竣工,1960年2月水库开始试验性蓄水。原本相对稳定的岩层在巨大的水压下开始渗水,水和岩层深处的粘土发生作用,坡体开始变得不稳定。同年10月,当水位到达 635 米时,左岸地面出现一道长达 1800～2000 米的裂缝,随后发生了局部崩塌,塌方体积达 70 万立方米,坝前出现高达 10 米的涌浪。一个月以后水位上升到 652 米,崩塌滑坡再次发生,岸坡位移速度达到每天 3.5 厘米,恐惧万分的水电站工人连夜撤离。

为尽早通过验收,从 1963 年初开始,蓄水试验的步子再一次加快。到 4 月份,库区水位突破 700 米,达到 702 米;到了 9 月初,水位提高至 715 米。1963 年 10 月 9 日 22 点 39 分,连日大雨刚刚停息,瓦依昂水库南坡一块巨大山体忽然发生滑坡,超过 2.7 亿立方米的土石以 100 公里的时速呼啸着涌入水库,随即又冲上对面山坡,达到数百米的高度,横向滑落的滑坡体在水库的东、西两个方向上产生了两个高达 250 米的涌浪:东面的涌浪沿山谷冲向水库上游,将上游 10 公里以内的沿岸村庄、桥梁悉数摧毁;西面的涌浪高于大坝 150 米,翻过大坝冲向水库下游,由于大坝下游河道太狭窄,越坝洪水难以迅速衰减,致使涌浪前峰到达下游峡谷出口时仍然高达 70 米。先前设置的防洪设施在巨大的洪水面前形同虚设,洪水涌入皮亚韦河,彻底冲毁了下游沿岸的 1 个市镇和 5 个村庄。从滑坡开始到灾难发生,整个过程不超过 7 分钟,共有 1900 余人在这场灾难中丧命,700 余人受伤。巨大的空气冲击波使电站地下厂房内的行车钢梁发生扭曲剪断,将廊道内的钢门推出 12 米,正在厂房内值班和住宿的 60 名技术人员除 1 人幸存外,其余全部死亡;正在坝顶监视安全的设计者、工程师和工人们无一幸免。

瓦依昂水坝从建成到毁灭,没有发出一度电,却造成了上下游惨重的人员伤亡和财产损失。在滑坡发生后很长一段时期内,瓦依昂山谷失去了昔日的秀美,到处是裸露的岩石土丘。尽管瓦依昂大坝在灾难中幸存下来,但这并不代表其他大坝在面临类似风险时就可以高枕无忧。直到今天,山谷中仍然到处可见大片裸露的山体,生态没有完全恢复。

(三)风险思维

1979 年 3 月 28 日,美国三里岛核电站 2 号反应堆发生的放射性物质外泄事故是美国历史上最为严重的核电站事故,好在此次事故并没有造成人员伤亡。1986年4月26日,发生切尔诺贝利核泄漏事故,这是历史上最严重的核电站灾难。当日凌晨,位于苏联乌克兰加盟共和国首府基辅以北130公里处的切尔诺贝利核电站第4号反应堆发生爆炸,更多爆炸随即发生并引发大火,致使放射性尘降物进入空气中。据悉,此次事故产生的放射性尘降物数量是在广岛投掷的原子弹所释放的400倍。2011年3月12日,日本近海发生了9级地震,致使日本福岛县第一和第二核电站发生安全事故。

上述形形色色的工程风险提示我们,为识别和避免风险,需要有风险思维,这种思维要求我们对工程可能的负面影响加以仔细评估,以确保工程的人为性与非人为性的统一,保障工程"善"之目的与属性。一项工程只有在技术评估与社会评估都通过的条件下,才是可行的,才可能是成功的。

工程的技术评估指从技术层面来考察工程是否具有可行性,为工程决策和实施提供技术保证,确保工程成功。工程的技术评估包括:技术是否具有可行性;技术设计是否完整与全面;采用的工程技术是否完善可行;工程相关联的其他技术与条件是否具备等。

工程的社会评估是指从工程的社会层面考察工程的可能后果等。工程既可造福于人,又能为害于人。原子能既可发电,也能用于制造毁灭性的武器。生物工程技术既可用于改良某些动植物品种来服务于人类,也可能导致自然界物种的基因乃至人类伦理关系的混乱。技术可行的东西不能任意行之,应加以社会价值的考量。对于技术、工程必须要进行社会评估。

工程的社会评估主要包括三个方面:经济评估、生态评估和安全评估。

第一,经济评估。工程的目的是满足人的需要,必须具有功效,必须进行成本与利润的核算。要正确地理解利益,树立正确的利益观,实现个体、团体与社会利益的统一。重视效益、算经济账是必要的,违背市场规律的"形象工程"与"长官工程"应该被否定。所以在经济评估的时候,需要考虑工程是否对国家和社会有利;

要控制好工程本身的成本,要算利益平衡的账。一个好的工程既要追求经济效益,又要注重社会效益。

第二,生态评估。工程不能无视生态环境,不能认为自然是可以无限索取的仓库、任意利用的对象。自然是能动的,会以自己的方式"报复"人类,如毁林垦田、围湖造田会造成环境污染、生态恶化等。埃及的阿斯旺大坝,建成后避免了洪水泛滥之灾,还产生发电和灌溉收益,但它的建设造成了尼罗河的生态平衡被破坏,使得良田消失,河流物种濒临灭绝。

第三,安全评估。工程,特别是大型工程的实施,具有复杂性和不可逆性,其影响因素是繁多的,安全因素更是必不可少的。安全评估包括:工程施工中的安全问题,如施工人员、机械设备的安全等;工程建设成果管理、维护的安全;意外事件(如战争)对工程安全的威胁;人们(特别是当地人)对工程的认同与满意度等。

第四章　工程改变中国

一、古代中国的工程

（一）中国古代的大运河工程

我国古代的工程实践在世界工程史上不断创造着奇迹。勤劳、智慧的中华民族曾经创造了辉煌灿烂的古代文明,在幅员辽阔的中华大地上留下的工程遗产不断被后人赞赏。水利工程如都江堰、郑国渠、邗沟与灵渠、大运河、坎儿井;建筑工程如万里长城、赵州桥等,都是享誉中外的伟大工程。

以中国大运河为例。中国大运河是隋唐大运河、京杭大运河和浙东大运河的总称。历史上,大运河经历了三次开凿。第一次大规模开凿运河是在公元前5世纪的春秋末期。当时统治长江下游一带的吴国为了北伐齐国,争夺中原霸主地位,调集民夫开挖了一条自今扬州向东北,经射阳湖到淮安入淮河的运河(即今天的里运河),因途经邗城,故该运河得名"邗沟"。该运河全长170千米,把长江水引入淮河,成为大运河最早修建的一段,也成为中国历史文献中记载的第一条有确切开凿年代的运河。吴王的功劳是将淮河与其南面的长江沟通起来,但淮河向北到另一大水系——黄河之间,还无法通过水路相连。到了战国中期,魏国为争雄称霸,于公元前361年前后开始挖掘改造鸿沟,试图北接黄河,南边又沟通了淮河北岸的几条主要支流,构成了黄河和淮河之间的水路交通网络。

西汉时期,中国西部的长安成了京城,各地的官府都要向京城长安运送漕粮,于是,沿路的地方官员开始有了将运河向西延伸到关中地区的计划,并组织实施。东汉定都洛水北岸的洛阳,洛阳成为全国最大的漕粮集中地。沟通洛水与黄河的阳渠也被开凿出来。宋代时,大运河又向南延伸,开凿了浙东运河宁波段。这段运河是沟通曹娥江和姚江的运河河段,历史上对促进沿线城镇的繁荣发挥了重要作用,至今仍保留着运河两岸村镇相依的自然风貌。宋代浙东运河全线贯通后,从内地到达宁波的内河航船,一般从三江口换乘海船经甬江出海。同样,东来的海船,在宁波三江口驻泊后,改乘内河船,经浙东运河至杭州,与大运河相连。

第二次大规模的大运河开凿是在隋唐时期,当时中国的经济重心已经逐渐转移到长江流域等南方地区,而国家政治中心仍处于北方的关中地区和中原地区。公元7世纪初隋炀帝统治后,迁都洛阳。隋炀帝为了加强首都洛阳与南方经济发达地区的联系,控制江南广大地区,保证南方的赋税和物资能够源源不断地运往东都洛阳,下令开凿新的运河。该运河工程浩大,由多条运河组成。

最著名的一段运河是公元605年开凿出来的,称通济渠。因这段运河是在前代汴渠的基础上开凿的,所以又名汴渠,是漕运的干道。这段运河从洛阳到江苏清江(今淮安市),约1000千米长,连结了洛水、黄河、汴渠、泗水与淮河,即从洛阳起沟通黄河和淮河两大河流。同时,隋炀帝下令重新疏浚邗沟,并于公元610年继续使运河向南延伸,开凿了从长江沿岸的江苏镇江至浙江余杭(今杭州,当时的对外贸易港)长约400千米的"江南运河"。该工程引长江水经无锡、苏州、嘉兴至杭州,连通到钱塘江,使大运河越过钱塘江沟通宁绍平原。此后,为了开展对北方的军事行动,隋炀帝又于公元608年在黄河以北的三国时期开凿的原有运河道的基础上,开凿出长约1000千米的永济渠,该渠从洛阳经山东临清至河北涿郡(今北京西南郊),引黄河支流沁水入今卫河至天津,继溯永定河通今日的北京。

这样，连同公元584年开凿的广通渠，多枝形运河系统逐渐形成，从而完成了以洛阳为中心，东北方向到达涿郡，东南方向延伸至江南的一条"V"字形运河，史称隋唐大运河。这样，洛阳与杭州之间全长1700多千米的河道，可以直通船舶。中国历史上第一次建成了从南方重要农业产区直达中原地区政治中心和华北地区军事重镇的内陆水运交通动脉。

隋唐大运河以洛阳为中心，南起余杭（杭州），北至涿郡（北京），全长2700千米，跨越地球10多个纬度，纵贯在中国最富饶的东南沿海和华北大平原上，经过浙江、江苏、安徽、河南、山东、河北、天津、北京8个省市，通达黄河、淮河、长江、钱塘江、海河五大水系，是中国古代南北交通的大动脉，在中国的历史上产生过巨大的作用。

唐代诗人皮日休在《汴河怀古二首》中曾这样赞美大运河："万艘龙舸绿丝间，载到扬州尽不还。应是天教开汴水，一千余里地无山。尽道隋亡为此河，至今千里赖通波。若无水殿龙舟事，共禹论功不较多。"

大运河第三次开凿是在13世纪末，元朝完成了对中国的统一，并在大都（今北京）建立政治中心。为了使南北相连，不再绕道洛阳，元朝从公元1283年起花了10年时间，先后开挖了"济州河"和"会通河"，济州河自淮安引洸、汶、泗水为源，向北开河75千米接济水（相当于后来的大清河位置，1855年黄河夺大清河入海）。济州河开通后，漕船可由江淮溯黄河、泗水和济州河直达安山下济水。同时建设闸坝，渠化河道，把天津至江苏清江之间的天然河道和湖泊连接起来，清江以南接邗沟和江南运河，直达杭州。由此开始，大运河不再流经洛阳，河南和安徽北部的河段被废弃，新的京杭大运河形成了南北直行的走向，比绕道洛阳的隋唐大运河缩短了九百多千米，实现了中国大运河的第二次大沟通。

（二）都江堰水利工程

农耕文明总是与治水分不开，我国的水利工程历史悠久。早在原始公社时期，我国劳动人民就已经开始进行治理水害、开发水利的工程实践活动。远古的人们为了生存,离不开河流湖泊,但同时又深受河水泛滥之害。起初,他们"择丘陵而处之",躲避洪水灾害,进而修筑堤埂,积极抵御洪水,开始了我国古代的原始形态的防洪工程。随着农业和商业的发展,人工灌溉和开凿运河等水利工程也相继出现。

四川成都北部有一座著名的山脉,岷江水就出自这个山脉并一路向南流去。成都平原的整个地势从岷江出山口玉垒山向东南倾斜,坡度很大,自然水流湍急。成都北部有一个小城市叫都江堰,距成都50千米,而这段距离之间,岷江水落差竟达273米,对整个成都平原来说,这是地地道道的地上悬江,而且悬得十分厉害。在古代,每当岷江洪水泛滥,成都平原就是一片汪洋;一遇旱灾,又是赤地千里,颗粒无收。岷江水患长期祸及西川,鲸吞良田,侵扰民生,成为古蜀国生存发展的一大障碍。

战国时期秦国的秦昭王于五十一年(前256年),任命学识渊博且"知天文识地理"的李冰为蜀郡守,彻底治理岷江水患。于是都江堰的设计者和兴建的组织者出现了。李冰上任后,下决心根治岷江水患,在任期间修建了都江堰等水利工程。他排除重重险阻,发展川西农业,造福成都平原,为秦国统一中国奠定了经济基础。

传说大禹也曾在玉垒山处治过水,将岷江水分出一支流入沱江,减轻成都平原的涝灾。后来蜀国国君也曾于公元前6世纪任用鳖灵为相在玉垒山处治水,并取得了一定成效。李冰根据前人的经验,决心彻底治理水患,兴建一个造福万民、可传千秋的水利工程。李冰治水的主要目的,一是解决成都平原的洪涝灾害,保障成都的安全;二是将西山(岷山山脉)木材及货物船运到成都,而后可通过长江运往全国;三是整理平原上河道为灌溉渠,排出积水,开发农田,引水灌溉,保证农业的收成。

李冰父子先对岷江以及成都平原的自然河道进行了实地考察,直到岷江上游今日的阿坝地区,最后决定在岷江流出群山、刚入成都平原处兴建水利工程。这里是三角形成都平原的顶点，也是成都平原的最高处，岷江从这里向西南流经成都平原；在这里开一条引水渠，以下连接疏通的自然河道或人工渠，将一部分岷江水引向成都平原北、东、南，流过彭山县再汇入岷江正流。这将不仅实现渠系自流灌溉，还可以在平原上形成处处小桥流水的农田灌溉网。

都江堰工程的整体设想是将岷江水流分成两条，其中一条水流引入成都平原，这样既可以分洪减灾，又可以引水灌田、变害为利。主体工程包括鱼嘴分水堤、飞沙堰溢洪道和宝瓶口进水口。

然而设想毕竟是设想，依照当时的工程条件，要做到这些难度非常大。

首先是修筑分水堤，也称分水堰。修筑分水堰时，施工者先是采用江心抛石筑堰的方法，一开始失败了。后来，李冰另辟新路，让竹工编成长三丈、宽二尺的大竹笼，里面装满鹅卵石，然后一个一个地沉入江底，这个方式终于战胜了湍急的江水，筑成了分水大堤。大堤前端开头犹如鱼头，所以取名为"鱼嘴"。鱼嘴分水堰两侧垒砌大卵石护堤，靠内江一侧的叫内金刚堤。外江一侧的叫外金刚堤，也称"金堤"。它长约3000米，迎向岷江上游，把迎面而来的岷江水从中间分割为内江和外江。外江（南）是岷江主流，内江（北）是灌渠咽喉，故又称灌江。鱼嘴在江中的位置很巧妙，保证了夏天四成江水入内江，冬天六成江水入内江，这样既能防洪，也能保证灌区用水。春耕用水季节，内江进水六成，外江进水四成。而在夏秋洪水季节，内外江进水比例自动颠倒过来，内江进水四成，外江进水六成，这就是都江堰治水三字经中所说的"分四六，平潦旱"。

此外，鱼嘴充分利用弯道环流原理，表面清水冲往凹岸，含沙浊流从河底流向凸岸，成功地完成了水流的自动排沙。鱼嘴的精妙，即使用今天的水利技术来看都令人叹服。然而，这样巧夺天工的设计，在秦汉之后的数百年间，却找不到任何历史记载。直到南宋时期，学者范成大亲临都江堰，才对鱼嘴的结构作了第一次描述。

鱼嘴后部是一长堤，将内江、外江隔离，即上面提到的金刚堤，它高出水面5～

7 米。沿堤下至 710 米处为一缺口,宽 240 米,缺口处堰高 2 米,内江水涨,洪水带着泥沙由此湃出,流向外江,效果极佳,称飞沙堰溢洪道,古称侍郎堰。

另一项工程是宝瓶口的建设,宝瓶口是距飞沙堰下口 120 米处的一个山崖缺口。岷江流经宝瓶口再分成许多大小沟渠河道,组成一个纵横交错的扇形水网,灌溉成都平原的千里农田。此处是玉垒山麓被人工凿开的一个缺口,内江由这里流出入灌区。被截离的山麓称离堆,上有伏龙观庙宇。这缺口,其底宽 14.3 米,顶宽 28.9 米,高 19 米,此处山崖上有水则(水位标尺,每则为一市尺,后称一划),缺口内是一个回水沱,称伏龙潭。这里的妙处在于,它是天然的洪水节制闸,是灌区引水渠的"瓶颈""咽喉"。鱼嘴分流的内江水,直流而下,经飞沙堰至宝瓶口,急流受狭窄的宝瓶口所阻,形成一大洄水沱,壅水超过水则 14 划时,所壅之水旋转回去带着沙石从飞沙堰湃去外江。飞沙堰的高度与灌区所需水量在伏龙潭壅水的水位高度是一平面,多余的水就湃去外江,这一水位平面就靠宝瓶口自然地节制,真是不可思议。

关于宝瓶口的开凿过程,一直是个谜。这里是坚硬的赤砾崖,战国时期还没有开山凿石的金属工具,青铜不会用来造农具和石匠工具,况且硬度也不高;铁器刚出现,也没有石匠工具,硬度也不行。如何斩断山麓,凿开这么大一个十分讲究的缺口,使之符合引水排洪的需要,真是千古之谜。

根据现代水利部门多年测定,岷江上游年均来水量 150.82 亿立方米,年均输沙量 1300 万吨,夏季洪峰常达每秒 7700 立方米。都江堰渠首枢纽工程面对如此自然条件,不仅要经受住冲刷震荡,而且更发挥功能以达人愿。分水、溢洪、排沙,诸设施各自起着主要作用和辅助作用,相互配合,协调一体,其效能是巨大的。鱼嘴,分水又分沙,只有 40% 的江水和 25% 的沙石入内江。经过飞沙堰溢洪道及人字堤溢洪、飞沙后,进入宝瓶口的水量只有江水的 10%,泥沙只占总量的 9%,由此可见诸水利设施功能之巨大、高效。这是科学工程,是智慧的组合。后代的参观者不禁要问,古人是怎么想出来的呢?

今人根据近现代水利、水文科学发现了都江堰渠首工程中令人叫绝的科学原理，也就是流体力学中的"弯道环流"原理。鱼嘴及诸设施摆在岷江一段弯道河床中，鱼嘴处的河床弯道，半径为 2000 米左右，外江处于弯道凸岸，内江在凹岸，当流量不大时，内江分流江水 60%；洪水期，由于河床弯道和百丈堤逼水，上游河心沙滩被淹没，因而江水主流趋向外江，内江分流比反而趋小，这就避免了过多洪水涌入内江。另外，按水力学弯道环流原理，由于环流作用，江水作分层运动，挟带泥沙较少的表层水趋向凹岸的内江，夹带沙石多的底层水趋向凸岸的外江。这第一道分洪排沙，效果巨大。这也是鱼嘴选点的科学效应。内江飞沙堰河段也在弯道上，这里弯曲半径为 750 米，飞沙堰在凸岸，伏龙潭、宝瓶口在凹岸，由于环流作用和离堆阻挡，使伏龙潭中壅水，内江中的洪水和 70%～90%的泥沙由飞沙堰泄出。飞沙堰分流比愈大，排沙效能愈佳。今天参观该工程的人，不禁要问，李冰懂得水力学中的"弯道环流"原理吗？古代都江堰水利工程中各种设施构件，都为卵石、竹笼杩槎构成，就地取材，便利而价廉，是费省而效宏的水利工程典范。都江堰的创建，以不破坏自然资源、充分利用自然资源为人类服务为前提，变害为利，使人、地、水三者高度协合统一，是全世界迄今为止仅存的一项伟大的"生态工程"。

都江堰水利工程，是中国古代人民智慧的结晶，是中华文明划时代的杰作，更是古代水利工程沿用至今、"古为今用"硕果仅存的奇观。都江堰开创了中国古代水利史上的新纪元，标志着中国水利史进入了一个新阶段，在世界水利史上写下了光辉的一章。与之兴建时间大致相同的古埃及和古巴比伦的灌溉系统，以及中国陕西的郑国渠和广西的灵渠，都因沧海变迁和时间的推移，或湮没，或失效，唯有都江堰独树一帜，由兴建源远流长，至今还滋润着天府之国的万顷良田。

二、近代中国的工程

19 世纪 60 年代至 90 年代，为实现"自强""求富"之路，近代中国自上而下开展了洋务运动,又称"自强运动"。洋务运动的倡导者提出"中学为体,西学为用"的口号,采取行动,引进西方资本主义国家的技术,创办新式军事工业和民用工业,建立新式海军和陆军,设立学堂,派遣留学等。洋务运动尽管是一场学习西洋军事工业技术的改良运动,但为摆脱国家落后挨打的局面而倡导救亡和图存、发展民族工商业的行动,在近代中国工程历史上也留下了浓墨重彩的一笔。

洋务运动涉及军事、经济、政治、外交等很多领域,但主要是兴办军事工业,并且围绕军工来建立其他的相应产业,其中建立新武器装备的陆军和海军是其主要内容,包括了创办江南制造局、福州船政局和安庆军械所等。江南制造局是中国近代较大的一个军工厂,福州船政局是中国当时最大的船舶制造和维修工厂,安庆军械所是清政府创办的最早的兵工厂,轮船招商局是中国最早设立的船舶运输企业,同文馆是中国官方最早设立的培养外语翻译人才的外国语学校。这些对后来中国了解西方并学习西方的工程技术和管理都作出了重大贡献。这场运动不仅仅代表了近代中国人自强不息的精神,也催生了中国近代工程师队伍的起步和壮大。

(一) 詹天佑与京张铁路

19 世纪 80 年代初,随着洋务运动的深入发展,迫于统治的危机和舆论的压力,清政府对铁路也开始从拒办、筹办,到"毅然兴办",并终于在 1881 年修建了中国第一条自筑铁路——"唐胥铁路"。唐胥铁路虽然只是一条 18 千米的轻便铁路,但它是我国自筑铁路的开端。到 20 世纪初,以詹天佑为代表的一批留美归来人士在中国掀起了自筑铁路的高潮,他们意识到"交通乃实业之母",而"铁路又为交通之母"。在他们看来,想要挽救中国当时颓废的境况,必须振兴实业,必须自力更生地发展中国的铁路事业。

詹天佑祖籍徽州婺源县,天资聪颖,酷爱学习。承蒙詹家好友谭伯村引荐,12 岁时考入第一批幼童赴美留学班。1872 年 8 月,30 名幼童登上轮船,启程赴美。詹天佑在美国读完了小学和中学,毕业后考入耶鲁大学雪菲尔德理工学院土木工程系铁路专业。毕业后,詹天佑回国被派往福州船政局的水师学堂学习驾驶。詹天佑学非所用,消磨了整整7年的时光,终于在1888年迎来转机。中国铁路公司总经理伍廷芳聘请詹天佑到天津,在铁路公司任帮工程司。此后的31年里,詹天佑把他所有的精力和才能,毫无保留地奉献给了中国的铁路建设事业。

詹天佑一生参与、主持修建的铁路中,最艰巨且最著名的就是京张铁路,这也成为我国近代工程建设崛起的标志性工程。京张铁路长200多千米,连接北京丰台,经八达岭、居庸关、沙城、宣化至河北张家口。该线经过长城内外的燕山山脉,这一带到处是崇山峻岭,有7000余尺桥梁,由南口至八达岭,高低相差一百八十丈,每四十尺即须垫高一尺。京张铁路1905年9月4日开工,1909年8月11日建成,是中国首条不使用外国资金及人员,由中国人自行设计、施工、投入营运的铁路。

1905年,正当英、俄两国激烈争夺中国华北路权时,为摆脱两国的纠缠,清政府硬着头皮决定由中国自己出资,自己勘测、设计、修筑和管理京张铁路,任命詹天佑为总工程师兼会办。面对侵略者的冷言恶语和封建官僚的嘲笑议论,詹天佑毅然挑起重担,他亲自率领中国工程技术人员骑着毛驴,背上标杆,勘测线路。地处延庆的军都山(又称南口山,其主峰为世界闻名的八达岭)横亘在北京西北部,威严地拦着去路。想要战胜这里的崇山峻岭、千沟万壑,既要开凿坚硬的岩石,又需修筑极长的山洞。

许多外国人公然宣称,中国工程师不可能担任如此艰巨的铁路工程。此时的詹天佑虽然只有44岁,却已拥有17年的筑路经验。在反复勘探京张全线的一山一丘、一沟一壑后,经过精密测算,他最终选定关沟段为最佳线路。经过4年奋战,1909年9月全线胜利完工,京张铁路建成通车在中外产生了广泛影响。1912年9月6日,踌躇满志的孙中山从北京乘坐火车视察京张铁路。在张家口火车站,孙中山发表演说,高度褒扬了詹天佑创造的这一为民族增光的惊世之作。

詹天佑不仅是一位高级工程技术专家,还具有卓越的管理才能。早在1905

年京张铁路修筑之初,他便制订各级工程师和工程学员的工资标准并与考核制度结合实行,这在当时无疑是具有先进性和革命性的。1916 年,作为交通部技监的詹天佑在主持全国交通会议时制订了 130 项包括勘测全国铁路、统一路政、制订标准、人才考绩管理以及整顿交通财政在内的决议案。由于詹天佑为我国早期铁路标准化和法规建设作出了巨大贡献,1917 年香港大学授予他名誉法学博士学位。

作为京张铁路的总工程师,詹天佑为了加快翻越八达岭,率领工程技术人员在青龙桥一带反复选测比较线路,借鉴南美洲森林和矿山早期修铁路经验,他从亲自勘察路线开始,找到了一条最经济的路线,比外国人原来提出的线路要少建2000 多米的隧道。詹天佑在修隧道的工程中,创造了从隧道两头往中间凿进和在两头距离的中间凿井再向两端凿进等新的施工法,以扩大开挖隧道工程的工作面,提高工作效率,加快进度。在开凿隧道的进程中,又及时采用我国传统的建造拱桥的经验,在隧道中及时砌上边墙环拱,防止刚开凿出的隧道塌方。他还修了排水沟,代替抽水机排水等工作,保证了隧道的施工。

进隧道工作的工人上上下下,没有升降机,怎么解决工人和器材运输的问题呢?詹天佑又联想到农村从水井提水的办法,在隧道井口装上又大又结实的辘轳,用于送工人上下,运出隧道中的土石和积水,运进器材和炸药。没有通风机,詹天佑就在井口装上扇风机,又在风机旁连接上铁管,还动用了手拉风箱作为辅助通风设备。

修路最困难的地方就是一些高坡陡地地段,詹天佑利用斜面原理,沿着山腰设计出“之”字形的路面,减小了坡度。他决定将线路引进青龙桥东沟设站,并在此折返通过八达岭,把铁路铺成“人”字形(也称“之”字形)折返线,用两个火车头将列车前拉后推,把当时火车最高爬坡率从 25‰提高到 33‰,从而提高了线路与隧道的高度,使八达岭隧道长度缩短近一半,从最初设计的 1800 米缩短到 1091米。为确保行车安全,詹天佑周密考虑,设置了 12 处“保险道岔”,防止机车制动失灵而造成溜车事故。詹天佑后来说,"人"字形路线总不如螺形环山路线优越,当时采用"人"字形线路是万不得已的,是在当时修路费用以及工期等条件限制下所采用的理想方案。

为了纪念詹天佑对我国铁路事业作出的贡献,1922 年,在由北京至八达岭的铁路线上的青龙桥站,矗立起了一座詹天佑的铜像;1987 年,附近再建成詹天佑纪念馆。今天,每个从北京乘火车到八达岭旅游的人都可以看到詹天佑的风采,记住他的名字。1919 年 4 月 24 日,詹天佑在极度紧张的工作中病倒,最终因操劳过度而不幸过世,享年 58 岁。詹天佑在我国铁路史上写下了光辉的一页,无愧于"中国人的光荣"这个称誉。

(二)茅以升与钱塘江大桥

钱塘江是浙江省最大的河流,由西往东注入杭州湾,流入东海。湍急的江水将富庶的浙江省分成了南北两部分,这一分割不仅使交通受阻,也对全国的国防和经济发展构成障碍。1933 年,当时的国民政府决定动员各方财力,跨江建造一座桥梁。这座桥梁的兴建造就了一位中国工程师的一世英名,他就是大名鼎鼎的茅以升。

1896 年 1 月 9 日,茅以升出生于江苏镇江。1911 年,16 岁的茅以升考入唐山路矿学堂预科,1916 年毕业于交通部唐山工业专门学校。参加清华留美官费研究生考试,以第一名录取留洋。之后用一年时间攻下美国康奈尔大学硕士学位,接着到匹兹堡桥梁公司实习。1919 年 10 月,茅以升的 30 万字博士论文《桥梁桁架的次应力》全票通过答辩,因此他成为卡耐基梅隆理工学院首名工学博士。1919 年 12 月,茅以升登上远洋轮船,毅然返回自己的祖国。

在旧中国,几乎没有哪座现代化大桥是中国人自己建造的。郑州黄河大桥是比利时人建造的,济南黄河大桥是德国人造的,哈尔滨松花江大桥是俄国人造的,蚌埠淮河大桥是英国人造的,沈阳的浑河大桥是日本人造的,云南河口人字桥是法国人造的……难道中国人真的不能自己造现代化的桥梁吗?茅以升在蓄势待发中,终于等来了机遇。1933 年 8 月,茅以升应邀南下杭州,主持建造中国第一座自行设计、施工的铁路、公路两用现代化桥梁——钱塘江大桥。

钱塘江在当时可算是一条险恶大江，上游时有山洪暴发，下游常有海浪涌入，若遇台风过境，浊浪排空，势不可当；那高达5～7米的钱塘江大潮，更令人生畏。历史上有这样的传说——钱塘江无底。当然它不会是无底的，但是，江底石层上有极细的流沙，深达40余米，在上面打桩，十分困难。故而在早年，杭州人若说起某件事绝对办不成时，就会说：除非钱塘江上架起一座大桥。有的外国工程师妄言：能在钱塘江上造大桥的中国工程师还没出世呢。然而，血气方刚的茅以升却矢志不渝：一定要造出由中国人自己设计建造的现代化大桥。

建造钱塘江大桥首先要克服两大困难，一是洪水和涌潮，二是流沙。钱塘江上游是山区，每年雨季时有洪水暴发，从新安江到上游只是普通河道，到了杭州江面越来越宽，南星桥一带达2000米，下游江面更加宽了，先形成杭州湾，再扩大成喇叭形的黄盘洋后东流入海。每当大海潮涌入时，高过江面约2米。如遇洪水上下同时迸发，汹涌澎湃，势不可当。钱塘江特有的地理环境、自然风貌影响下所形成的流沙深达三四十米，最深处达48米，经水冲刷更是变化无常。

钱塘江大桥开工不久，困难接踵而来。工程遇到的第一个难题就是打桩，要把长长的木桩打进厚达40多米的泥沙层，站在江底岩石上才算成功。第一艘打桩船施工不久就遇狂风巨浪，触礁沉没；第二艘打桩船仍然定位不准，辛苦一天，只打成一根桩。按设计要打1400根桩，按这种速度怎么能完成计划？茅以升特制了江上测量仪器，解决了木桩定位问题，再用"射水法"打桩，即把钱塘江的水抽到高处，通过水龙带将江底泥沙层冲出一个洞，然后往洞里打桩。用这种"射水法"打桩，施工人员一昼夜可打30根，工效大为提高。

沉箱是建桥的重要基础，长18米、宽11米、高6米的钢筋混凝土沉箱，像一个无顶的大房子，重达600吨。要把这样的庞然大物从岸上运到潮大水急的江里，然后准确地放在木桩上，难度极大。沉箱站不住，桥墩就无法浇筑。其中一个沉箱，在四个月内就先后数次被冲到下游的闸口电厂、上游的之江大学等处。后来一位工人提出建议,把原先 6 只各重 3 吨的固定沉箱的铁锚,换成了每只各重 10 吨的混凝土锚,在海水涨潮时放沉箱入水,落潮时赶快就位,结果十分顺利,600 吨重的箱子稳稳地立在木桩上,之后沉箱再也没有发生移位。茅以升充分利用 80 多名工程技术人员和 900 名工人的智慧,攻克了 80 多个难题。在总工程师罗英的协助下,基础、桥墩、钢梁三种工程一起施工,使全部工程做到了半机械化,大大提高了工程效率。

1937 年 7 月 7 日,日本在卢沟桥发动了全面侵华战争。8 月 13 日上海爆发了淞沪抗战,日军飞机空袭上海、南京、杭州,并轰炸了钱塘江大桥。这天,建桥的整个过程已接近尾声,6 号桥墩沉箱底部施工进入了最关键的时刻。茅以升、罗英等几十人仍坚持在距水面 30 米深的沉箱气室内紧张施工。之后,日军飞机常来袭扰,为了争时间抢速度,空袭警报一解除,大家又回到各自岗位,立即投入紧张工作。8 月 18 日,6 号桥墩沉箱封底。9 月 11 日,桥墩结顶。仅过了 8 天,第 6 孔钢梁安装完成。第二天趁潮汛把最后一组钢梁浮运就位。桥墩完工,紧接着钢梁安装,到铁轨铺设贯通,仅用了 15 天时间,创造了建桥史上的奇迹。

1937 年 9 月 26 日,钱塘江大桥的下层单线铁路桥率先通车。就在茅以升带领工程人员日夜赶工,希望尽快将大桥上层公路桥桥面完成时,11 月 16 日,军方发来密件,称因日军已逼近杭州,要在第二天炸毁钱塘江桥,以防敌人过江。炸桥所需要的炸药及电线、雷管等,已运至门外。

钱塘江桥是在抗日战火中诞生的,考虑到战争的需要,茅以升他们在设计施工时,就已经预料到大桥可能遭到战祸,独具匠心地在南 2 号桥墩留下长方形大洞,预设了毁桥埋放炸药的空洞。当晚,茅以升以一个桥梁工程学家严谨、精准的态度,将钱塘江大桥所有的致命点标示出来。整个通宵,100 多根引线,从各个引爆点全部接到南岸的一所房子里。怀着亲手掐死亲生婴儿一样的痛楚,茅以升一直陪伴着历经艰险建造起来的大桥,直到亲眼看到最后一根引线接好。这是茅以升一生中最难忘、最难受、最难捱的一天。17 日凌晨,炸药全部埋放好,茅以升又突然接到省政府通知,命令大桥公路立即放行。原来战事爆发后,过江撤退的人剧增,靠船渡,运力根本不够,交通难以维持,情势严重,开桥放人是不得已的举措。这一天,是大桥全面通车的第一天,当第一辆汽车从大桥上驶过,两岸数十万群众使劲鼓掌,掌声经久不息。所有这天过桥的 10 多万人,以及此后 30 多天里每天过桥的人,人人都要在炸药上面走过,火车也同样在炸药上风驰电掣而过。这在古今中外桥梁史上,可谓是空前绝后。

12 月 19 日,日军从安吉、武康、嘉兴三个方向进攻杭州。国民党守军失利后撤,杭州危在旦夕。12 月 23 日,上级命令立即炸桥。可是难民仍然潮水般地涌上大桥,一时无法引爆。一直延迟到了下午 5 点半,天色已黑了下来,在强行阻断蜂拥的人群后,操作工程师立即进行引爆。随着一声巨响,钱塘江大桥的两座桥墩被毁坏,五孔钢梁折断落入江中。总长 1453 米、历经 925 个日日夜夜、耗资 160 万美元的钱塘江大桥,最终在通车的第 89 天瘫痪在日寇侵略的烽火中。

炸桥以后,桥工处于当月撤退到浙江兰溪。离开杭州时,他们把所积累的大桥档案全部随行带走,并专门派一位老先生负责管理。来到兰溪,茅以升投入精力最大的,就是组织人员绘制竣工图,赶制工程报告。钱塘江大桥竣工图共 200 多张,都是画在描图布上的,可以长期保存。

抗战后期,考虑到战后中国桥梁事业的发展,国民政府在 1943 年于重庆成立了中国桥梁公司,由茅以升担任总经理。1946 年春,茅以升带着 14 箱档案资料回到劫后的杭州,充实桥工处人员,准备修桥。复业后,1947 年夏,桥工处对大桥进行了重新勘测,委托中国桥梁公司上海分公司承办施工。后来,上海铁路局接手继续施工,该桥终于在 1953 年竣工。

三、走向世界舞台的中国现代工程

(一) 从弱国到工程强国

1949 年,刚成立的新中国满目疮痍,百废待兴。工业整体上处于手工作业的状况,工业产品少得可怜;农业停留在手工耕作、靠天吃饭的水平上;交通运输工具落后,数千年前就已经开始使用的畜力车和木帆船等民间运输工具仍然在大量使用;邮电通信技术设备非常落后,电话电报多用手工方式操作,约有一半的县没有自动电话,约有四分之一的县不通电报和长途电话,中西部地区普遍处于十分闭塞的状态;市场上商品严重匮乏,大多数人的温饱问题还没有解决。

尽管其间还发生了抗美援朝战争,中国仅用短短三年的时间,就成功地实现了国民经济的恢复,主要工农业产品产量均超过了历史最高水平,人民生活水平有了显著提高,在工程建设上也取得了令世人惊叹的成就。兴修水利和改善交通是恢复工农业生产的基础。中国是一个水患灾害较多的国家。近代以来,中国的老百姓饱受两个祸患之苦:一个是战乱,另一个是水患。新中国的成立,结束了战乱,但是水患问题依然十分严重。因此,1950年中国重点治理了连年泛滥成灾的淮河。随后,从防洪防汛、减少灾害转向保持水土、发展水利。在三年内,全国有2000万人参加了水利建设,完成的土方约17亿立方米,荆江分洪和官厅水库等一大批水利工程都是在这时开工建设的。相当于10条巴拿马运河或23条苏伊士运河的水利工程修建了起来,这是中国有史以来首次大规模的水利工程建设。

在兴修水利的同时,中国还大力加强了以铁路为重点的交通建设。经过速度惊人的抢修和建设,至1952年,全国共修复了因战争损毁严重的津浦、京汉、同蒲、陇海等铁路近万千米,新建了成渝、天兰、宝成等铁路1473千米。三年间,修复的公路有3万多千米,新建公路2000多千米。内河货运量,1952年比1950年增加一倍多。这样,就初步解决了国民党统治时期没有解决的"行路难"问题,为工农业发展和城乡交流奠定了基础。

1964年第一颗原子弹爆炸试验成功,1967年第一颗氢弹爆炸试验成功,1968年第一座自行设计施工的南京长江大桥建成通车,1969年首次地下核试验成功,1970年"东方红一号"人造地球卫星发射成功,1970年第一艘核潜艇安全下水并试航成功,1972年第一条超高压输变电工程——刘天关(刘家峡——天水——关中)输变电工程建成输电,1973年第一台每秒运算百万次的集成电路电子计算机试制成功,1974年大港油田和胜利油田建成,1975年第一颗返回式卫星发射成功及第一条电气化铁路宝成铁路建成并交付使用……随着我国国民经济和国防建设的发展,在各条战线上都已经成长起了一大批优秀的工程技术专家。

以石油、煤炭、电力和钢铁、水泥为主的能源、原材料建设是实现国民经济发展的最基础性的工业。仅在1967年至1976年期间,国家对能源建设的投资就超过了500亿元。在石油工业中,不仅扩建了大庆油田,而且新建了胜利油田、大港油田、任丘油田、辽河油田、中原南阳油田、江汉长庆油田等。原油产量以平均每年递增18.6%的速度增长,1978年产量突破了一亿吨,原油加工量比1965年增加五倍多。发展步子之大是任何时期都没有过的。在煤炭工业中,新建了山西高阳煤矿、山东兖州煤矿、河南平顶山煤矿、四川宝顶山煤矿、新疆哈密露天煤矿。在电力工业中,不说各地兴建的众多中小型发电站,仅全国大型的发电站就有刘家峡水电站、丹江口水电站、龚咀水电站、黄龙滩水电站、碧口水电站、八盘峡水电站以及唐山陡河发电厂、山东莱芜火力发电厂等。

"要想富,先修路",这是改革开放以来喊起来的一个口号。早在上世纪六七十年代,国家就开始大力加强全国的大干线建设,这期间在铁路、公路、航空、大桥梁建设等方面取得的成就十分惊人。十多年间,我国不仅建成了成昆铁路、湘黔铁路、川黔铁路、襄渝铁路、焦枝铁路、枝柳铁路、京通铁路、阳安铁路等十多条铁路干线,而且建成了包括滇藏公路、韶山至井冈山公路在内的许多贯穿各省城乡的公路干线。到1979年,全国铁路通车里程达五万多千米,有复线的八千多千米,并且开始了电气化铁路建设。全国公路通车里程达八十多万千米,全国两千多个县基本都通了公路,大大改善了全国交通干线落后的状况。

在交通发展的同时,中国的大桥梁建设也步入了新阶段。1968年世界闻名的大工程——南京长江大桥建成通车。此后十年间,中国又先后建成了长沙湘江大桥、山东省北镇黄河大桥、吉林省前扶松花江大桥、浙江省兰江大桥、蚌埠新淮河大桥、上海黄浦江大桥、福建省闽清大桥、洛阳黄河大桥、田庄台辽河大桥、江苏省淮南大桥、五河淮河大桥、重庆长江大桥等,我国大桥梁建设无论是在设计施工水平上还是在建设速度上都跃上一个新台阶。此外,我国的工程人员在大港口建设、长距离输油管道建设、高压远距离输电变电工程、载波通信干线工程、卫星通信地面站建设等方面都创历史最高纪录,填补了许多历史空白。

从新中国成立到改革开放前的 30 年,中国的工程项目决策更多的是从国防和社会建设的角度进行的,中国工程技术人员和建设者们在"自力更生,艰苦奋斗"的口号下,创造了一系列举世瞩目的科技成果,为独立自主的经济体系奠定了基础。比如,大庆油田(1959),"两弹一星"[即原子弹(1964)、氢弹(1967)与"东方红 1 号"人造卫星(1970)],第一艘核潜艇(1970),以及被誉为中国新四大发明的人工合成牛胰岛素(1965)、抗疟新药青蒿素(1969—1972)、杂交水稻(1974)、激光照排(1975—1978)等。

改革开放以来的四十年,中国的工程项目更多是从现代化建设、完善基础设施、改善民生、让生活更美好的角度进行决策的。中国的工程技术更是突飞猛进,成就了一张让所有中国人自豪的成绩单:建成了正负电子对撞机等重大科学工程;秦山核电站并网发电成功;银河系列巨型计算机相继研制成功;长征系列火箭在技术性能和可靠性方面达到国际先进水平;神舟号载人飞船成功,嫦娥号探月工程实施,圆了中华民族的千古奔月梦;青藏铁路全线通车,成功解决冻土施工的世界性难题;装机规模跃居世界第一的三峡水利枢纽的建设;苏通大桥、港珠澳大桥的建设;我国首架具有自主知识产权的涡扇喷气支线客机"翔凤"下线,意味着中国自主研制民用客机迈出实质性一步;我国自主研制的首列时速 300 公里的动车组列车下线,国产"和谐号"动车组疾驶如飞,中国由此成为世界上少数几个能自主研制时速 300 公里动车组的国家之一……这些成绩单让亿万中国人感受到建立在科技自立、自强基础上的国家实力和民族尊严。

2017 年,党的十九大报告提出,加强应用基础研究,拓展实施国家重大科技项目,突出关键共性技术、前沿引领技术、现代工程技术、颠覆性技术创新,为建设科技强国、质量强国、航天强国、网络强国、交通强国、数字中国、智慧社会提供有力支撑。上述的强国目标中很多都与中国的工程有关,中国已经逐渐成为工程强国。

2002 年,中国工程院曾组织专家学者推选 20 世纪我国重大工程技术成就,参与推选的有工程院院士,中国科协下属一级学会、协会,行业协会,国家部委局和大型企、事业单位等,并由推选结果编辑出版了《20 世纪我国重大工程技术成就》一书(暨南大学出版社出版)。该书系统介绍了评选过程和结果,从以下方面介绍了中国现代工程成就。一、两弹一星;二、汉字信息处理与印刷革命;三、石油;四、农作物增产技术;五、传染病防治;六、电气化;七、大江大河治理和开发;八、铁路;九、船舶;十、钢铁;十一、计划生育;十二、电信工程;十三、地质勘探与资源开发;十四、畜禽水产养殖技术;十五、广播与电视;十六、计算机;十七、公路;十八、机械化——重大成套技术装备;十九、航空工程;二十、无机化工;二十一、外科诊疗;二十二、稀有金属和先进材料的开发应用;二十三、城市化;二十四、轻工与纺织;二十五、采煤工程。

近年来,中央电视台陆续推出了多部大型纪录片,全面展示了中国取得的工程成就,其中影响力较大的有《辉煌中国》《超级工程》《大国工匠》《大国重器》《创新之路》等。

《辉煌中国》于 2017 年 9 月 19 日开播,它是由中共中央宣传部、中央电视台联合制作的六集电视纪录片。全片以创新、协调、绿色、开放、共享的新发展理念为脉络,全面反映党的十八大以来中国经济社会发展取得的巨大成就。全片共六集,分别是《圆梦工程》《创新活力》《协调发展》《绿色家园》《共享小康》《开放中国》。第一集通过港珠澳大桥、胡麻岭隧道、郑万铁路、复兴号、上海洋山港自动化码头、中国移动互联网等一个个超级工程,讲述了五年来中国基础设施建设的一张张大网。节目播出后引发了全社会的强烈共鸣。

从 2014 年开始,中央电视台推出工程类纪录片《超级工程》,共推出三季。第一季共五集,分别为《港珠澳大桥》《上海中心大厦》《北京地铁网络》《海上巨型风机》和《超级 LNG 船》,分别展示了国内五个大工程。《超级工程》第二季推出了四集,分别是《中国路》《中国桥》《中国车》《中国港》。《超级工程》第三季又推出了五集,即《食物供应》《能量之源》《交通网络》《中国制造》《城市 24 小时》。

《大国重器》于 2013 年 11 月 6 日首播,是由中央电视台财经频道(CCTV-2)制作的高清纪录片,展现中国装备制造业成就,讲述充满中国智慧的机器制造故事。《大国重器》包括两季。第一季共六集,第一集《国家博弈》、第二集《国之砝码》、第三集《赶超之路》、第四集《智慧转型》、第五集《创新驱动》、第六集《制造强国》,以独特的视角记录了中国装备制造业创新发展的历史。该片将镜头对准了普通的产业工人和装备制造业企业转型升级创新中的关键人物,真实记录了他们的智慧、生活和梦想,通过人物故事和制造细节,鲜活地讲述了充满中国智慧的机器制造故事,再现了中国装备制造业从无到有进而赶超世界先进水平背后的艰辛历程,展望了中国装备制造业迈向高端制造的未来前景。该片重点关注重大装备企业自主创新和转变发展方式的成功经验,以全景式、史诗式的磅礴气势,用感人的叙事手法,展现和讴歌了中国装备制造业的"国家队方阵",反映中国装备制造业艰难发展的曲折道路,以及振兴与崛起于当代的辉煌历程。

《大国重器》第二季是《辉煌中国》的姊妹篇。该片于 2018 年 2 月 26 日首播,共分八集,《构筑基石》《发动中国》《通达天下》《造血通脉》《布局海洋》《赢在互联》《智造先锋》《创新体制》。纪录片拍摄了六十多个核心重器故事,聚焦八大领域,呈现数百组成就数据。首次拍摄到了一些"超级工厂":制造 86 米超长钢制臂架泵车的秘密基地,中国第一条柔性屏生产线实现量产,世界上第一条单根无接头海底光缆是如何生产出来的;首次记录了一些核心技术的关键突破:世界上最大的工程机械工厂的智能化改造,世界上第一套电机、液压双驱动系统全断面掘进机;拍摄了最先进的世界级试验平台:全球最薄的新能源电池试验平台,全球最大的特高压测试中心；记录了最高水平的中外装备同台竞技：最高等级空分装备的中外比拼，在全球规模最大、最权威的智能围棋公开赛上夺冠的纯正中国血统人工智能机器人，等等。

（二）载人航天

上世纪 80 年代，中国的空间工程取得了长足的发展，具备了返回式卫星、气象卫星、资源卫星、通信卫星等各种应用卫星的研制和发射能力。特别是在 1975 年，中国成功发射并回收了第一颗返回式卫星，中国成为世界上继美国和苏联之后第三个掌握卫星回收技术的国家，这为中国实施载人航天工程打下了坚实的基础。

1992 年 9 月，我国载人航天工程正式获批。工程的第一项任务是发射无人和载人飞船，将航天员安全地送入近地轨道，进行对地观测和科学实验，并使航天员安全返回地面。经过"神舟一号"到"神舟四号"的先期探索，2003 年 10 月 16 日"神舟五号"飞船首次完成了载人太空飞行。以我国第一位航天员杨利伟从太空安全返回为标志，中国载人航天工程取得了历史性突破。

工程的第二步是继续突破载人航天的基本技术：多人多天飞行、航天员出舱在太空行走、完成飞船与空间舱的交会对接。在突破这些技术的基础上，发射短期有人照料的空间实验室，建成完整配套的空间工程系统。"神舟六号"的发射，标志着中国开始实施载人航天工程的第二步计划。"神舟八号"和"神舟九号"分别实现与"天宫一号"首次自动交会对接和首次手动交会对接，"神舟九号"搭载航天员进入"天宫一号"值守。中国载人航天工程在 2009 年至 2012 年间，完成了发射目标飞行器，同时在空间轨道上实施飞行器的空间轨道交会对接技术。

工程的第三步是建立永久性的空间实验室，建成中国的空间工程系统，航天员和科学家可以来往于地球与空间站，进行较大规模的空间科学实验，解决应用技术问题。

首先是空间实验室的建设，在这个阶段要解决组装、交会对接、补给以及循环利用等四大技术。这些技术关系到空间站的组装、宇航员在空间站的生存等关键问题。"天宫一号"就是中国为了解决交会对接问题而发射的一个目标飞行器,它被运往太空之后,通过对接可以被改造成一个短期有人照料的空间实验室。"天宫一号"于2011年9月29日在酒泉卫星发射中心发射。2011年11月3日凌晨完成与"神舟八号"飞船的对接任务。2012年6月18日它又与"神舟九号"对接成功。"神舟十号"飞船也在2013年6月13日与"天宫一号"完成自动交会对接。

2018年4月2日,"天宫一号"目标飞行器完成了使命,再入大气层,落入南太平洋中部区域,它的大部分器件在再入大气层过程中已经烧蚀销毁。"天宫一号"发射成功是我国掌握空间站技术的第一步,继美、俄之后,中国成为第三个独立掌握空间站技术的国家,这将为我国今后开展更大规模的空间探索、建造中国载人空间站奠定扎实的技术基础。

我国的"天宫二号"空间实验室是在原"天宫一号"目标飞行器的基础上改装而成的,由资源舱和实验舱组成。其中,资源舱为非封闭结构,主要功能是为"天宫二号"在太空飞行中提供能源和动力;实验舱作为一个密封舱,其主要功能是为航天员在太空生活提供洁净、温度和湿度适宜的载人环境和活动空间。"天宫二号"空间实验室于2016年9月15日在酒泉卫星发射中心成功发射,2016年10月19日,"神舟十一号"飞船与"天宫二号"自动交会对接成功。2016年10月23日,"天宫二号"的伴随卫星从"天宫二号"上成功释放。

虽然"天宫二号"空间实验室是在"天宫一号"基础上研制的航天器,外形完全相同,但却承担着不同的任务:"天宫二号"是我国第一个具备太空补加功能的载人航天实验室,要第一次实现航天员30天驻留、第一次试验推进剂太空补加技术,以及开展大规模的科学实验;而"天宫一号"只是目标飞行器,主要执行的是和载人飞船配合完成空间交会对接试验任务。发射成功后的"天宫二号"成为我国第一个真正意义上的空间实验室,标志着我国载人航天进入空间应用阶段。

经过空间实验室阶段,在中国的载人航天"三步走"计划中,中国最终要建设的是一个基本型空间站。于2022年左右建成的空间站,将成为中国空间科学和新技术研究实验的重要基地,在轨运营10年以上。为此,中国在海南文昌新建继酒泉、太原、西昌之后的第四个航天发射场,主要承担地球同步轨道卫星、大质极轨卫星、大吨位空间站和深空探测卫星等航天器的发射任务。

在世界航天工程的舞台上,中国人充分展现出自主创新精神,克服重重困难,一步一步取得了今天的辉煌,为中国和平利用太空和开发太空资源打下坚实基础,为人类和平开发宇宙空间作出贡献。

(三) 登月工程

"嫦娥奔月"是中国古代著名的神话传说,讲述了嫦娥吃下西王母赐给丈夫后羿的两粒不死之药后飞到了月宫的故事。今天,这古老的传说真的要由中国人实现了。2004年,中国正式开展月球探测工程,并将该工程命名为"嫦娥工程"。

月球探测工程是一个庞大的系统工程,由月球探测卫星、运载火箭、发射场、测控和地面应用等五大系统组成,工程分为"无人月球探测""载人登月"和"建立月球基地"三个阶段。

首先,探月工程团队自主研发和制造出"嫦娥一号"月球探测卫星(探测器)。2007年10月24日,"嫦娥一号"从西昌卫星发射中心由"长征三号甲"运载火箭成功发射,运行在距月球表面200千米的圆形极轨道上执行科学探测任务。卫星发射后,用八九天时间完成调相轨道段、地月转移轨道段和环月轨道段飞行。经过8次变轨后,于11月7日正式进入工作轨道。11月18日卫星转为对月定向姿态。11月20日,它开始传回探测数据。11月26日,它传回的第一幅月面图像正式对外公布,这标志着我国首次月球探测工程的成功,也标志着我国已经进入世界具有深空探测能力的国家行列。2009年3月1日16时13分,在圆满完成各项使命后,"嫦娥一号"卫星受控成功撞击月球,为我国月球探测的一期工程画上了圆满句号。

2010年10月1日,搭载着"嫦娥二号"卫星的"长征三号丙"运载火箭在西昌卫星发射中心点火发射。10月6日,"嫦娥二号"卫星发动机关机,完成第一次近月制动,10月8日成功完成第二次近月制动,在近月点只有100千米、远月点1830多千米的轨道上运行。"嫦娥二号"绕月球一圈只需要3.5小时。10月27日,"嫦娥二号"卫星成功实现变轨,由100千米×100千米的工作轨道进入100千米×15千米的虹湾成像轨道。"嫦娥二号"的主要任务是获得更清晰、更详细的月球表面影像数据和月球极区表面数据,因此卫星上搭载的CCD照相机的分辨率将更高。它为"嫦娥三号"实现月球软着陆进行部分关键技术试验,对"嫦娥三号"着陆区进行高精度成像,并进一步探测月球表面元素分布、月壤厚度、地月空间环境等。

承担"落月"任务的"嫦娥三号"是探月工程"绕、落、回"三步走中的关键一步,实现中国航天器首次地外天体软着陆和月面巡视勘察,具有重要里程碑意义,备受海内外关注。"嫦娥三号"探测器于2013年12月2日在西昌卫星发射中心由"长征三号乙"运载火箭成功发射。12月14日,在中国首台7500牛变推力空间发动机制动下,"嫦娥三号"从距月面15千米处实施动力下降,相对速度从每秒1.7千米逐渐减为零。探测器在距月面100米处悬停,利用敏感器对着陆区进行观测,以避开障碍物,选择着陆点。12分钟后,即21时12分,"嫦娥三号"探测器在月球虹湾区成功落月,着陆器和巡视器分离。至此,中国成为世界上第三个实现月面软着陆的国家。

"嫦娥三号"的最大亮点是携带了"玉兔号"月球车,这个轰动中国的小车首次实现了月球软着陆和月面巡视勘察,并开展了月表形貌与地质构造调查等科学探测。月球车也称"月面巡视探测器",是一种能够在月球表面行驶并完成月球探测、考察、收集和分析样品等复杂任务的专用车辆。我国首辆月球车经过全球征名活动,最终选定名称为"玉兔号"。"玉兔号"既体现了中华民族的传统文化,又反映了我国和平利用太空的宗旨。传说中,当年嫦娥怀抱玉兔奔月,玉兔善良、纯洁、敏捷的形象与月球车的构造、使命既形似又神似。

这台月球车具有极高的技术含量。整整 10 年时间,科研人员完成了这辆能够耐受月表真空、强辐射和高温差等极端环境的月球车,实现了全部"中国制造"。"玉兔号"月球车重约 140 千克,呈长方形盒状,长 1.5 米、宽 1 米、高 1.1 米,周身金光闪闪,有 6 个轮子,由移动、导航控制、电源、热控、结构与机构、综合电子、测控数传、有效载荷 8 个分系统组成,业内人士形象地称之为"八仙过海,各显神通"。月球车的副主任设计师魏然曾用 4 句话形容它:肩插"太阳翼",脚踩"风火轮",身披"黄金甲",腹中"秘器"多。

"玉兔号"以太阳能为能源,具备 20 度爬坡、20 厘米越障能力,并配备有全景相机、红外成像光谱仪、测月雷达、粒子激发 X 射线谱仪等科学探测仪器。"玉兔号"距离上次月球车登月已过去近 40 年,电子设备、探测仪器都非当年可比,无论是材料、驱动系统的选择还是探测仪器,过去都不可能有。因此,中国的月球车比之前的要先进得多。"玉兔号"月球车着陆月球后,会自动驶离着陆器,在月面进行三个月的科学勘测,着陆器则在着陆地点进行原地探测。"玉兔号"底部安装了一台测月雷达,可发射雷达波,探测二三十米厚的月球土壤结构,还可以对月球下面 100 米深的地方进行探测。这是世界上其他国家从来没有做过的事情。着陆器的设计寿命是一年,月球车的设计寿命则只有三个月。它们在完成任务后都永远留在月球了。

古人把月亮称为广寒宫,一点都不假。月面夜间最低温度可以降至零下 180 摄氏度,电子设备根本无法工作。更要命的是,月球上的一晚上相当于地球上的 14 天,可谓"长夜漫漫真难熬"。同时,由于月球上的一天约相当于地球上的 28 天,其中约 14 天会被太阳连续暴晒,月球车面临散热难题;接下来的约 14 天又是连续月夜,在零下 100 多摄氏度的环境里,大部分电子设备无法工作,只能"冬眠",还需要专门设备保持月球车的内部温度,防止设备被冻坏。要让探测器同时适应这两种极端温度,难度非常大。而且一旦夜昼交替,探测器还要从"冬眠"状态中被"唤醒",如何保证系统正常启动也是道难题。"玉兔号"月球车身披"黄金甲",目的不是为了好看,而是为了反射月球白昼的强光,降低昼夜温差,同时阻挡宇宙中各种高能粒子的辐射,从而支持和保护月球车上的红外成像光谱仪、激光点阵器等 10 多套科学探测仪器。所以,按照科研人员的精心设计,"玉兔号"与人类的作息制度一样,也是日出而作、日落而息,白天还要午休,只不过它每天的工作时间相当于地球上的 14 天,然后又会一觉睡 14 天。

漫漫长夜之后,"玉兔号"怎么才能立刻点火工作呢? 它需要一床御寒的"被子"和一个叫它起床工作的"闹钟"。承担这两项功能的是它的供电系统——太阳翼。晚上,"玉兔号"的桅杆会收起来,太阳翼也会扣上,这个过程相当于把巡视器散热的途径隔绝掉了。然后,当阳光逐渐出来时,巡视器就被唤醒了,进入到次日白天的正常工作。对一些特别娇嫩的设备,月球车内还专门准备了"暖宝"——核电池。核电池提供电能的时间非常长,一枚硬币大小的核电池,可使用 5000 年。这项技术如能成功,将使我国成为继美俄之后,世界上第三个将核动力应用于太空探测的国家。

尽管整体来讲虹湾地区比较平坦,但月球表面千万年来经历陨石撞击,遍布大大小小的陨石坑和石块。为了避免在月球上"摔跤"或"崴脚","玉兔号"月球车有 6 个特制的轮子,而且移动很慢——每小时最多走 200 米。这个轮子学名叫作筛网轮,能够尽可能减轻重量。另外,这个车轮在设计上有很大的接触面积,摩擦系数也很大,这样它在月面才不会陷进去,也不容易打滑。由于轮子是网状的,所以一边行驶一边可以把沙子漏掉。除了表面用筛网,轮子每隔一段就会有一个锯齿形的结构,叫做棘爪,就像是兔爪上的指甲。月球上本没有路,这些尖利的小爪子能够帮助"玉兔号"稳稳地抓住月面,跨过沟沟坎坎。

2009 年,中国在探月二期工程实施的同时,为衔接探月工程一、二期,兼顾中国未来载人登月和深空探测发展,又正式启动了探月三期工程的方案论证和预先研究。三期工程于 2011 年立项,任务目标是实现月面无人采样返回。工程规划了两次正式任务和一次飞行试验任务,分别命名为"嫦娥五号""嫦娥六号"和高速再入返回飞行试验任务。其中,"嫦娥五号"探测器是我国首个实施月面取样返回的航天器。

(四) 青藏铁路

早在一百多年前,中国近代启蒙思想家魏源曾断言:"卫藏安,则西北全境安。"其意为西藏安危关系西北全境安危,西北安危关系国家安全。孙中山在其《实业计划》中曾专门提出要建设高原铁路系统,并规划了以昆明、成都、兰州连接拉萨的铁路网,共有 16 条线,可谓周全而宏大。新中国成立后,为打破交通"瓶颈",国家在十分艰苦的条件下,相继修通了川藏、青藏、滇藏、新藏公路,对加强西藏地区与祖国内地的联系,促进西藏经济、社会发展,发挥了重要作用。然而,随着西部大开发战略的实施,西藏以公路和民航为主体的对外通道,已不能满足经济发展的需要,建设铁路运输通道势在必行。

在青藏铁路建成通车之前,西藏自治区是我国唯一一个不通铁路的省级行政区。交通运输设施的落后,已经严重制约了这一地区经济、社会的发展,使之成为我国主要的贫困地区之一。早在 1978 年,鉴于国力难以承受几十亿元的建设费用,加上高寒缺氧、多年冻土等难题没有解决,铁道部、铁道兵部开会论证、分析认为,修建青藏铁路的难度较大、成本极高,建议青藏线停修。2000 年中央做出决策,下决心尽快开工修建进藏铁路。经过充分准备,2001 年 2 月,国务院将青藏铁路批准立项。6 月 29 日,青藏铁路正式开工。青藏铁路被誉为"天路",它东起青海西宁市,南至西藏拉萨市,全长 1956 千米。其中西宁至格尔木段 814 千米已于1979 年铺通,1984 年投入运营。

青藏铁路格拉段东起青海格尔木,西至西藏拉萨,全长 1142 千米,其中新建线路 1110 千米,于 2001 年 6 月 29 日正式开工。途经纳赤台、五道梁、沱沱河、雁石坪,翻越唐古拉山,再经西藏自治区安多、那曲、当雄、羊八井到拉萨。其中,海拔 4000 米以上的路段 960 千米,多年冻土地段 550 千米,翻越唐古拉山的铁路最高点海拔 5072 米。它是世界上海拔最高、在冻土上路程最长、克服了世界级困难的高原铁路。

青藏铁路施工进入到海拔 5072 米的唐古拉山越岭地段,该越岭地段斜坡湿地广布,高地温、高含冰量冻土地段较长,地下水发育,冻胀、融沉作用强烈;沿线冻土湿地,热融湖塘,冰锥、冰幔、冻胀丘和高寒冰幔冻土组成了特殊的地质现象。在这一环境下修建铁路是前所未有的世界性难题。在铁路建设前期的便道施工中,中铁十七局创造性地解决了一系列复杂地质难题,确保了冻土区施工便道的稳固性,为铁路施工提供了前期保障。工程技术人员在施工过程中将冻土路基填土高度控制在 0.7 米以上,在沼泽湿地铺设 23 万平方米的土工格室,采用内填粗粒土等工艺,使之坚固永久。在高寒冰幔冻土地段的路堑施工中,采用分段处理,利用暖季早期完成基底、边坡、换填隔热层及坡面整修防护结构等措施,保证了边坡的稳定和平整。

青藏铁路唐古拉山越岭地段全长 137 千米,这里高寒缺氧,远离青藏公路,湿地遍布,荒无人烟,是全线施工最艰难的地段。专家们测试,这一地区空气中的含氧量只相当于海平面空气中含氧量的 52%～56%。恶劣的自然环境和天气变化严重威胁人员和设备安全,也会导致机械作业效率和工人的劳动能力下降。在高海拔地段的施工,预防和救治高原病、急性创伤病等难度进一步增大。中国的工程建设者们也攻克了这个世界难题。唐古拉山越岭地段生态环境十分脆弱,植被一经破坏很难恢复。中铁十七局采用分段施工、逐段移植的方法,将施工经过的植被移植后进行养护,待施工结束后再移植回原地;在 160 公路的便道上设置了防护网,防止机械不慎碾压草皮;同时对垃圾进行分类处理,有效保护了青藏高原独特的生态环境。

除了克服以上三大难题,青藏铁路建设的过程中,还创造了世界运输史上的多项纪录:

① 青藏铁路是世界上海拔最高的高原铁路:铁路穿越海拔 4000 米以上地段达 960 千米,最高点海拔为 5072 米;

② 青藏铁路也是世界最长的高原铁路：青藏铁路格尔木至拉萨段，穿越戈壁荒漠、沼泽湿地和雪山草原，全线总里程达 1142 千米；

③ 青藏铁路还是世界上穿越冻土里程最长的高原铁路：铁路穿越多年连续冻土里程达 550 千米；

④ 海拔 5068 米的唐古拉山车站，是世界上海拔最高的铁路车站；

⑤ 海拔 4905 米的风火山隧道，是世界上海拔最高的冻土隧道；

⑥ 全长 1686 米的昆仑山隧道，是世界上最长的高原冻土隧道；

⑦ 海拔 4704 米的安多铺架基地，是世界上海拔最高的铺架基地；

⑧ 全长 11.7 千米的清水河特大桥，是世界上最长的高原冻土铁路桥；

⑨ 建成后的青藏铁路冻土地段时速将达到 100 千米，非冻土地段达到 120 千米，这是火车在世界高原冻土铁路上的最高时速。

（五）高铁建设

如今，高铁已经被人们誉为中国的新四大发明之一。人们将 2008 年 8 月 1 日通车的京津城际，认定为是中国第一条设计时速为 300 千米的高速铁路。其实早在这之前，中国的高铁建设就在秦沈客运专线展开了。全长 404.6 千米的秦沈客运专线连接秦皇岛和沈阳两座城市，于 1999 年 8 月 16 日开始建设，于 2002 年 12 月 31 日竣工。高速铁路建设分线下和线上工程。线下工程指路基填筑、地基处理、砌筑支挡建筑物或排水设施、桥隧涵洞施工，等等。线上工程指铺轨铺碴、通信信号房建及给排水施工，等等。秦沈客运专线的线下工程是按照时速 250 千米的标准设计的，在部分区段，运行速度可以达到每小时 300 千米甚至更高。秦沈客运专线立项的一个重要意义，就是为中国后来大规模的高铁建设先行探路，并为其储备技术和人才。此外，这条线路也成为中国当时自行研制的动车组"先锋号"及"中华之星"的试跑线路。

在秦沈客运专线试运行五年多之后，2008 年 8 月 1 日，即北京奥运会开幕前一星期，京津城际铁路通车了。2005 年 7 月 4 日，全长 120 千米的京津城际铁路正式动工。整个京津城际轨道交通系统建设工程采用"两点一线"建设策略,即分为京津城际铁路、北京南站、天津站交通枢纽改造工程三大部分同时进行。2007年8月,路基和桥梁工程完成。2007年10月31日,完成轨道博格板铺设。2007年11月13日,开始铺设路轨。京津城际铁路全线使用的100米长钢轨全部产自攀枝花钢铁公司,总重量达27000吨,并采用500米长钢轨工地焊接施工工艺。2007年12月16日,全线路轨铺通。2007年12月19日,由中国中铁电气化局负责的电气化接触网作业施工全面展开。2008年2月2日,电气化工程完成,电网开始通电。2008年3月,京津城际铁路建设进入系统联调联试阶段,包括动车组型式试验、集成试验、综合试验和试运行四大部分。2008年5月13日,一列由北京南站开往天津站的CRH2C型电力动车组(CRH2-061C)在试验时以时速372千米创造了当时中国国内轮轨列车的最快速度。2008年6月24日,一列CRH3C型电力动车组(CRH3-001C)在京津城际铁路上试验时达到了时速394.3千米,打破了于5月13日由CRH2C动车组创造的纪录,并刷新了中国目前轮轨列车的最高速度。2008年7月1日,京津城际铁路开始按正式运营条件不载客试运行,以验证列车追踪运行间隔、车站接发列车间隔等情况,同时安排模拟设备故障和恶劣天气情况下的应急演练。京津城际铁路于2008年8月1日正式通车运营。

京津城际铁路除车站到发线外,正线均采用CRTSⅡ型板式无砟轨道。世界上铁路轨道结构分为有砟轨道和无砟轨道两种。板式无砟轨道取消了传统有砟轨道的轨枕和道床,采用预制的钢筋混凝土板直接支承钢轨,并且在轨道板与混凝土基础板之间填充CA砂浆垫层,是一种全新的全面支撑的板式轨道结构。与传统的有砟轨道相比,无砟轨道具有结构稳定、使用寿命长、维修工作量小、利于提高运输效率等特点,尤其适合对线路的平顺性和稳定性具有很高要求的高速铁路。我国目前采用的板式无砟轨道有两种结构形式,分别是从日本新干线板式轨道引进的CRTSⅠ型板式无砟轨道和从德国博格板式轨道引进的CRTSⅡ型板式无砟轨道。CRTSⅠ型板式无砟轨道由混凝土底座、CA砂浆层、轨道板、凸形挡台等部分组成,凸形挡台的作用是防止单元轨道板发生横向和纵向移动。CRTS Ⅱ型板式无砟轨道的轨道板是连续的,没有凸形挡台。

京津城际铁路是中国高速客运专线的示范工程和京沪高速铁路的独立综合试验段。权威部门认定,该线是中国大陆第一条高标准、设计时速为 350 千米的高速铁路。

上海至南京之间原有的沪宁铁路始建于 1898 年,建成于 1908 年,是中国最早建设的重要铁路干线。为了尽快缓解沪宁间的运输压力,充分释放既有线路货运能力,早日实现"人便其行、货畅其流"的目标,国家确定要建设一条达到世界一流标准的沪宁城际高速铁路,贯穿中国城市群最密集、生产力最发达、经济增长最强劲、发展最具活力的长三角核心区域,使上海、南京以及苏州、无锡、常州、镇江等城市形成"同城效应",助推长三角现代化建设。

2010 年 7 月 1 日早上 8 点零 3 分,从南京发往上海虹桥的 G7001 城际高速列车从南京火车站驶出,标志着中国第二条城际铁路——沪宁城际铁路正式运营通车,这条全长 301 千米、最高时速可达 350 千米的铁路,仅用两年时间就建成运营。沪宁城际高速铁路是中国铁路建设时间最短、标准最高、运营速度最快、配套设施最全、一次建成里程最长的城际铁路。

以"G"字打头的沪宁城际列车开通后,沪宁间最快 73 分钟互达,比原来"D"字头动车减少了一小时。同时沪宁铁路全线 21 个站点,每 15 千米就有一站,使得沪宁这一经济发达地区正式迈向城际"公交化"时代。

武广客运专线为京广客运专线的南段(武汉—广州段),位于湖北、湖南和广东境内,于 2005 年 6 月 23 日开始动工,全长约 1068.8 千米,投资总额为 1166 亿元。2009 年 12 月 9 日试运行成功,于 26 日正式运营。列车最高试验速度可达 394 千米/小时,最高运营速度达到 300 千米/小时。武广高铁的开通,使得武汉至广州间旅行时间由原来的约 11 小时缩短到 3 小时左右,长沙到广州直达仅需 2 小时。武广高铁成为当时世界上运营速度最快、里程最长的高速铁路。

修建武广高铁的最直接原因是既有线路饱和。广州至武汉段属京广铁路,是全国最繁忙最密集干线,其客货混跑的模式成了铁路发展的瓶颈:客车要提速,货车要重载慢行,二者互相干扰。据测算,京广线每开行一趟客车就要影响两趟货车的运输。春运期间矛盾最为集中。在外来务工人员集中的珠三角,京广线客车运能挖尽仍无法满足庞大的客流需求,货运更是"一辆车都发不出去";武汉同样吃紧,每年春运期间,只有通往港澳的两趟鲜货货车能通行,其他货车就算发出去也常常在路上停下,不知哪天能到。

武广客运专线全线基本采用无砟轨道(主要为德国的雷达 2000 型轨道,部分采用日本的板式轨道,共 968 千米)、一次铺设跨区间无缝线路。正线路基共计 388 千米,全线桥隧总长 580 千米。共有桥梁 661 座 411 千米,其中流溪河特大桥 13.431 千米,为全线最长大桥。隧道 237 座 179 千米,其中浏阳河隧道 10.115 千米,为全线最长隧道;大瑶山 1 号隧道 10.081 千米,为全线最长山岭隧道。

武广高速铁路采用的是中国北车集团唐山车辆制造厂以德国西门子核心技术衍化生产的 CRH3C 型高速动车组和中国南车集团青岛四方车辆制造厂以日本川崎重工核心技术衍化生产的 CRH2C 型高速动车组,前者的设计时速为 350 千米/小时;后者的设计时速为 300 千米/小时(CRH2C 一阶段版本的设计时速为 300 千米/小时,并预留速度冲高余量,CRH2C 二阶段版本为 350 千米/小时),CRH2C 与 CRH3C 型高速动车组当时均已经在京津城际高速铁路上安全运营一年(2009 年 4 月京津城际高速铁路不再使用 CRH2C 型高速动车组),没有出现重大安全事故。在武广线上试运行的 CRH3C 型高速动车组是国内最先进最快速的列车,外观与常见的广深线 CRH1 动车组差不多,都是通体乳白色配以蓝色线条装饰,但车身线条比广深动车组更加流畅优美,尤其是列车头部线条更加向前突出,颇像子弹头。CRH3C 型动车组列车曾经在京津城际铁路上创造了时速 394.3 千米的纪录。而在武广线的试运行中,CRH3C - 013 号动车组也创下 394.2 千米的武广高铁最高速度纪录(此前 CRH2C 跑出时速 370 千米)。

京沪高铁是"八纵八横"高速铁路主通道之一,于2008年4月18日正式开工,2011年6月30日全线正式通车。

2010年12月3日11时28分,在京沪高铁枣庄至蚌埠间的先导段联调联试和综合试验中,由原中国南车集团在引进各国高速动车组技术并消化吸收再创新基础上所生产研制的"和谐号"380A新一代高速动车组最高时速达到486.1千米。这是继2009年9月28日沪杭高铁试运行创下时速416.6千米之后,中国高铁再次刷新世界铁路运营试验最高速。当时有专家指出,"和谐号"新一代高速动车组是目前世界上运营速度最快、科技含量最高的高速列车,最高运营时速为380千米,持续运营时速350千米,在气密强度、旅客界面、智能化等多个方面进行了系统创新,达到了世界领先水平。

2017年6月26日,复兴号动车组列车在京沪高铁正式双向首发。复兴号动车组列车,是中国标准动车组的中文命名,由中国铁路总公司牵头组织研制,是具有完全自主知识产权,达到世界先进水平的动车组列车。在350千米时速下,"复兴号"与"和谐号"380相比,总能耗下降了10%,寿命更长、身材更好、容量更大、舒适度更高、安全性更强。2018年3月,一列编号为CR400BF－A－3024的动车组在北京东郊的铁科院环行试验线上开展型式试验,这是我国16辆长编组"复兴号"的首次亮相。16辆长编组"复兴号"采用8动8拖配置,总长度超过415米,总定员1193人,满足时速350千米运营要求。和现在两列8辆编组"复兴号"重联运行相比(一列8辆编组"复兴号"定员576人),该车将增加41个座位,比重联的"和谐号"约增加80个座位。为什么要研制"加长版"的"复兴号"呢?目前运营的8编组"复兴号"在春运等需要大运力的情况下会重联组成16辆编组列车,拥有可灵活解编的优点,但列车中间多出的两个车头会影响一定的载客能力。16辆长编组"复兴号"将车头部分换为正常车厢,可以进一步提升列车的综合运力,满足更为复杂多样、长距离、长时间、连续高速运行等需求。

目前我国的高铁已经有了五纵、六横、八连线等几十条主要线路,建设成四通八达的高铁网,拥有世界首条高寒高铁——哈大高铁;世界等级最高的高铁——京沪高铁;世界一次性建成里程最长的高铁——兰新高铁;世界单条运行里程最长的高铁——京广高铁。截至 2020 年 7 月底,全国铁路营业里程超 14 万千米,位居世界第二;高铁 3.6 万千米,稳居世界第一,占世界高铁总量的三分之二以上。中国高铁让国外旅客赞叹不已,高铁成为了中国的一张亮丽的名片。

(六)三峡水利枢纽工程

水电站,是人类驯服大自然、让野蛮怒涛造福人类的创举,代表着人类基建工程的巅峰。每一座水电站,其主体工程都是一座超级大坝,它就像驯服河流的缰绳,耸立在群山万壑之间,拔地通天。

三峡工程是当今世界最大的水利枢纽工程。它的许多指标都突破了世界水利工程的纪录。三峡水库总库容 393 亿立方米,防洪库容 221.5 亿立方米,能有效控制长江上游洪水,增强长江中下游抗洪能力。三峡水电站总装机 1820 万千瓦,年发电量 846.8 亿千瓦时。三峡大坝坝轴线全长 2309 米,泄流坝段长 483 米,水电站机组 70 万千瓦×26 台,双线五级船闸和升船机。无论单项、总体都是世界上建筑规模最大的水利工程,是世界上工程量最大的水利工程。三峡大坝设计坝顶海拔高程 185 米,混凝土总方量为 1610 万立方米,是世界上规模最大的大坝。它在防洪、发电、航运、养殖、旅游、保护生态、净化环境、开发性移民、南水北调、供水灌溉等方面均有巨大效益。

三峡工程从最初的设想、勘察、规划、论证到正式开工,经历了 75 年。在这漫长的梦想、企盼、争论、等待相互交织的岁月里,三峡工程载浮载沉,几起几落。在中国综合国力不断增强的 20 世纪 90 年代,经过全国人民代表大会的庄严表决,三峡工程建设正式付诸实施。

早在 1918 年,孙中山在《建国方略》中就提出了在长江建设水利设施的构想。1924 年 8 月 17 日,孙中山在广州国立高等师范学校演讲《民生主义》时,再次提及:"扬子江上游夔峡的水力,更是很大。有人考察由宜昌到万县一带的水力,可以发生三千余万匹马力的电力,比现在各国所发生的电力都要大得多,不但是可以供给全国火车、电车和各种工厂之用,并且可以用来制造大宗的肥料。"这是目前所见关于开发三峡水力资源的最早计划,充分显示出孙中山在国家经济建设上的高瞻远瞩。

孙中山开发三峡水电资源的论著发表后,国民政府工商部曾于1930年初,拟在长江上游筹设水电厂,并着手收集有关资料和图表。两年后,即1932年,国民政府建设委员会组成长江上游水力发电勘测队。该队查勘后提交了《扬子江上游水力发电测勘报告》。1944年5月,世界著名水坝专家、美国垦务局总工程师萨凡奇博士应中国国民政府之邀抵达重庆。他先考察了大渡河和岷江,接着便冒险查勘西陵峡。查勘后,他提出了《扬子江三峡计划初步报告》。他建议在南津关至石牌之间选定坝址、修建电站。该电站设计坝高225米,总装机容量1056万千瓦,兼有防洪、航运、灌溉之利。这个以发电为主的综合利用方案,当时被视为水利工程的一大创举。1947年5月,在国内经济形势日趋恶劣的情况下,三峡工程设计工作奉命结束;8月,设计工作全部停止,除极少数人员留美外,大部分人员分批返回中国。三峡工程在当时的中国只能是一个梦想。

新中国成立后,在党中央、国务院的大力支持和关怀下,三峡工程开始了更大规模的勘测、规划、设计与科研工作。1956年2月,三峡工程规划设计和长江流域规划工作正在全面开展时,毛泽东在武汉畅游长江并乘兴创作《水调歌头·游泳》。其中"更立西江石壁""高峡出平湖"等诗句成为人们对三峡工程的美好向往。1970年12月,中共中央根据武汉军区和湖北省的报告批准兴建葛洲坝工程。

葛洲坝水利枢纽位于湖北宜昌市境内的长江三峡末端河段上,距离长江三峡出口南津关下游2.3千米。它是长江上第一座大型水电站,也是世界上最大的低水头、大流量、径流式水电站。1971年5月开工兴建,1972年12月停工,1974年10月复工,1988年12月竣工。它最大坝高47米,总库容15.8亿立方米,总装机容量271.5万千瓦。葛洲坝工程规模巨大,技术问题复杂。它的建成,说明我国工程技术人员已有能力修建世界第一流的水利工程。这对三峡工程的获准兴建有很大的影响。如果没有葛洲坝工程,三峡工程可能更难以决策。

1992年4月3日,全国人民代表大会七届五次会议根据对议案审查和出席会议代表投票的结果,通过了《关于兴建长江三峡工程的决议》,要求国务院适时组织实施。1993年5月25日,三峡工程初步设计获得通过,长江水利委员会开始着手进行技术设计。1994年12月14日,中国向全世界庄严宣布:伟大的三峡工程正式开工。

1992年到1997年为一期建设阶段。以土石方开挖为重点,以大江截流为中心,三峡工程施工如火如荼地在左右两岸展开,进入第一个施工高峰。至1997年年底,共完成土石方开挖1.4亿立方米。右岸导流明渠于1997年6月30日按期通航。左岸临时船闸初具规模,永久船闸土石方开挖完成设计总量的70%,基本完成左岸1至6号机组的大坝和厂房基础开挖,二期导流截流工程按照设计和施工计划顺利推进,上下游围堰四个堤头向江心进占,平抛垫底工程顺利进行。1997年9月底,大江截流前的枢纽工程、库区移民工程全面验收完毕。1997年11月8日,实施大江截流合龙,标志着三峡工程第一阶段的预期建设目标圆满实现,一期工程建设用时5年。

从1998年1月至2002年6月的四年半期间为二期建设阶段,三峡工程主体工程施工经历了由土石方开挖向混凝土浇筑转移,然后由混凝土浇筑向金属结构和机电设备安装两个阶段。1998年5月21日,三峡工程临时船闸通航;8月27日,二期围堰防渗工程全部告捷;9月12日,二期基坑积水抽干,万古江底首见天日;坝段河床基坑土石方开挖当年基本结束。1998年7—9月,三峡坝区连续出现8次流量大于50000立方米每秒的洪峰,二期围堰工程经受严重考验。1999年,施工进入混凝土浇筑高峰期,连续三年混凝土年浇筑量突破400万立方米,屡创世界纪录。

从 2000 年开始金属结构和机电设备安装工程,伴随混凝土浇筑和灌浆工程相继展开,到 2001 年进入安装高峰。2001 年 11 月 22 日,三峡工程 70 万千瓦水轮发电机组本体开始安装。2001 年 11 月 18 日,三峡工程二期围堰完成历史使命开始被拆除。2002 年 1 月,三峡二期工程的枢纽工程、输变电工程、移民工程三个验收大纲通过审查。2002 年 3 月 22 日,三峡二期工程蓄水前库底清理工作全面启动。2002 年 5 月 1 日,三峡大坝开始永久挡水。

三峡三期工程进行右岸大坝和电站的施工,并继续完成全部机组安装。2006年 5 月,三峡大坝全线建成。9 月,三峡工程实行第二次蓄水,成功蓄至 156 米水位,标志着工程进入初期运行期,开始发挥防洪、发电、通航三大效益。2008 年 9月,三峡工程开始首次试验性蓄水。11 月,水库水位达到 172 米。10 月,三峡大坝左右岸 26 台 70 万千瓦巨型水电机组全部投产。2009 年 8 月,长江三峡三期枢纽工程最后一次验收——正常蓄水 175 米水位验收获得通过,标志着三峡枢纽工程建设任务已按批准的初步设计基本完成,三峡工程可以全面发挥其巨大的综合效益。2010 年 7 月,三峡电站 26 台机组顺利完成 1830 万千瓦满负荷连续运行168 小时试验。9 月,三峡工程第三次启动 175 米试验性蓄水。10 月,三峡水库首次达到 175 米正常蓄水位。截至 2014 年年底,三峡水电站总装机容量 2250 万千瓦。

三峡工程主体建筑土石方挖填量约 1.34 亿立方米,混凝土浇筑量 2794 万立方米,钢筋 46.30 万吨,是世界上施工难度最大的水利工程。三峡工程 2000 年混凝土浇筑量为 548.17 万立方米,月浇筑量最高达 55 万立方米,创造了混凝土浇筑的世界纪录。它同时也是施工期流量最大的水利工程。三峡工程截流流量为9010 立方米每秒,施工导流最大洪峰流量 79000 立方米每秒。三峡工程泄洪闸是世界上泄洪能力最大的泄洪闸,最大泄洪能力为 10.25 万立方米每秒。它有世界级数最多、总水头最高的内河船闸。三峡工程的双线五级船闸,总水头 113 米。它有世界上规模最大、难度最高的升船机。三峡工程升船机有效尺寸为 120 米×

18 米×3.5 米,最大升程 113 米,船箱带水重量达 11800 吨,过船吨位 3000 吨。它是世界上水库移民最多、工作最为艰巨的移民建设工程。三峡工程水库动态移民最终可达 113 万人。三峡工程是中国,也是世界上最大的水利枢纽工程,是治理和开发长江的关键性骨干工程。它具有防洪、发电、航运等综合效益。

三峡工程已经实现了巨大的经济效益,远超预期。中国的工程建设者们又马不停蹄地开始着手在长江上游,也就是金沙江下游再建四座水电站。全长 3464 千米的金沙江位于长江上游,流经青海、西藏、四川和云南,其水力资源理论蕴藏量为 1.12 亿千瓦,占中国水能总量的 16.7%,其水能资源富集程度堪称世界之最。根据金沙江下游四级开发方案,从上至下分别为乌东德、白鹤滩、溪洛渡、向家坝四个梯级电站。这四座水电站建成之后,总装机容量为 4646 万千瓦,相当于两个三峡水电站。按规划,金沙江全流域共计划开发 27 级水电站,包括上游 13 级、中游 10 级,以及上面提到的下游这 4 级,总装机量超过 8000 万千瓦,规模约为四座三峡工程。

溪洛渡水电站是金沙江下游梯级电站中第一个开工建设的项目,它位于四川省雷波县和云南省永善县境内金沙江干流上,是一个以发电为主,兼有防洪、拦沙和改善下游航运条件等巨大综合效益的工程。溪洛渡电站装机容量 1386 万千瓦,位居世界第三,它的坝高 276 米。溪洛渡工程是长江防洪体系的重要组成部分,是解决川江防洪问题的主要工程措施之一;通过水库合理调度,可使三峡库区入库含沙量比天然状态减少 34% 以上;由于水库对径流的调节作用,将直接改善下游航运条件,水库区亦可实现部分通航。溪洛渡工程 2003 年开始筹建,2005 年底主体工程开工,2015 年竣工投产,总工期约 13 年。

金沙江下游第二级电站白鹤滩水电站位于四川省凉山彝族自治州宁南县与云南省巧家县交界的金沙江峡谷,下距溪洛渡水电站 195 千米。工程以发电为主,兼有拦沙、灌溉等综合效益。水库具有季调节能力,可增加下游溪洛渡、向家坝、三峡、葛洲坝四级电站枯水期发电量。白鹤滩水库上游回水 180 千米接乌东德水电站。工程主体部分由拦河双曲拱坝、右岸地下厂房、泄洪冲沙系统组成,水电站初拟装机容量 1600 万千瓦,坝高 289 米,相当于 103 层楼高;混凝土体积约 803 万立方米。这个"大家伙"重约 2000 万吨,相当于 2.5 个埃及金字塔的重量。在拱坝体形范围内来比较的话,承受着仅次于小湾水电站的世界第二大总水推力,水推力达 1650 万吨。白鹤滩水电站创造了多个世界之最——地下洞室群规模世界第一;单机容量 100 万千瓦世界第一;300 米级高坝抗震参数世界第一;圆筒式尾水调压井规模世界第一;无压泄洪洞规模世界第一;300 米级高坝全坝使用低热水泥混凝土世界第一。它将于 2022 年完工。电站建成后,将仅次于三峡水电站成为中国第二大水电站。

金沙江下游第一级电站乌东德水电站首批机组于 2020 年 6 月 29 日正式进行投产发电。乌东德水电站工程于 8 月 4 日至 8 日,顺利进入了第三阶段蓄水至 965 米验收,计划全部机组于 2021 年 7 月前建成投产。乌东德水电站位于云南省禄劝县和四川省会东县交界的金沙江干流上,是金沙江下游河段四个水电梯级——乌东德、白鹤滩、溪洛渡和向家坝的第一个梯级,上距观音岩水电站 253 千米,下距白鹤滩水电站 180 千米,电站坝址位于陆车林至乌东德长约 12.6 千米的河段内。乌东德枢纽主体工程建筑物由挡水建筑物、泄洪建筑物、引水发电系统等组成,挡水建筑物初拟为双曲拱坝,最大坝高约 240 米,总电站装机容量 1020 万千瓦,是"西电东送"的骨干电源点。

金沙江下游第四级电站——向家坝电站,位于中国西南川滇两省交界处、金沙江下游的巨型水电站,是继三峡工程、溪洛渡水电站之后中国在建的第三大水电站。按照计划,总投资约 434 亿元的向家坝工程,于 2012 年 10 月实现首批机组发电,2015 年 6 月全面竣工,总装机容量 775 万千瓦,年发电量可达 307 亿千瓦时。

目前世界排名前 5 位的水电站中,中国独占 4 座,见表 4-1。

表 4-1　世界 20 大超级水电站排行榜

世界排名	水电站名称	国家	装机容量 万千瓦	年发电量 亿千瓦时	发电日期	河流
1	三峡	中国	2250	847	2003	长江
2	伊泰普	巴西/巴拉圭	1400	900	1983	巴拉那河
3	溪洛渡	中国	1386	571	2014	金沙江
4	白鹤滩	中国	1250	640	2018	金沙江
5	乌东德	中国	1020	387	2020	金沙江
6	古里	委内瑞拉	910	510	1968	卡罗尼河
7	图库鲁伊	巴西	837	324	1984	托坎廷斯河
8	向家坝	中国	775	307	2012	金沙江
9	拉格兰德二级	加拿大	732	358	1979	拉格兰德
10	大古力	美国	649	203	1942	哥伦比亚
11	萨扬舒申思克	俄罗斯	640	235	1978	叶尼塞河
12	龙滩	中国	630	187	2007	红水河
13	克拉斯诺雅尔思科	俄罗斯	600	204	1967	叶尼塞河
14	糯扎渡	中国	585	239	2012	澜沧江
15	丘吉尔瀑布	加拿大	542	345	1972	丘吉尔河
16	锦屏二级	中国	480	242	1967	雅砻江
17	布拉茨克	俄罗斯	450	226	1967	安加拉河
18	小湾	中国	420	185	2009	澜沧江
19	拉西瓦	中国	420	102	2009	黄河
20	二滩	中国	330	170	1998	雅砻江

第五章　工程改变世界

一、古代伟大工程

（一）著名的古代建筑工程

古代中国人创造了一个又一个工程奇迹，我们在赞美这些奇迹的同时，也要看到，其他国家的劳动人民在与自然斗争和追求美好生活的过程中，同样也进行了大量的工程实践，留下了丰富的工程遗产，展现了世界各国劳动人民的无穷智慧和创造力。

公元前 3 世纪，腓尼基（今黎巴嫩、叙利亚沿海一带）的一位旅行家安提帕特（Antipater）提出"世界七大奇迹"的概念，主要是指公元前 3 世纪左右，在地中海东部沿岸地区著名的七座建筑或雕塑。它们是埃及胡夫金字塔、巴比伦空中花园、阿尔忒弥斯神庙、奥林匹亚宙斯神像、摩索拉斯陵墓、罗德岛太阳神巨像和亚历山大灯塔。后来世人反复沿用这一叫法，于是它被广泛流传。遗憾的是这"七大奇迹"中有六个由于地震、火灾、战争等因素被损毁，只有埃及胡夫金字塔得以保存。后来还有"世界八大奇迹"之说，那么，世界"第八大奇迹"是什么呢？至今并没有定论。相对而言更为流行的说法是指中国秦始皇陵兵马俑。此外，也有说法是指中国的万里长城、印度的泰姬陵、柬埔寨的吴哥窟、意大利的罗马斗兽场等。

让我们来看看,那六座被毁的世界奇迹是什么吧。

首先是巴比伦空中花园。古巴比伦是四大文明古国之一,巴比伦的空中花园并不是悬挂于空中,这个名称是因人们把原本希腊文"kremastos"及拉丁文"pensilis"错误翻译成"悬空"所致,其实该词除有"悬空"之意外还有"突出"之意。传说空中花园是由尼布甲尼撒二世(约公元前634—公元前562)为了安慰思乡成疾的王妃安美依迪丝,而仿照王妃在山上的故乡兴建的。巴比伦空中花园最令人称奇的地方是其供水系统。因为巴比伦雨水不多,而空中花园的遗址更是远离幼发拉底河,所以历史研究者认为空中花园应有不少输水设备。有些文献记载国王每天派几百个奴隶推动轮轴,将水泵上石槽,由石槽向花园中供水。另一个难题是在保养方面,因为一般的建筑物,不可能长年经受河水的侵蚀而不坍塌。由于美索不达米亚平原没有太多的石块,因此研究者们相信空中花园所用的砖块非比寻常,它们被加入了芦苇、沥青及瓦砾,更有文献指出:石块被加入了一层铅,以防止河水渗入地基。在经过了层层防护后,花园顶层盖上了石砖,铺上了铅板,最后种上了各种奇花异草,远远看去甚为壮观。遗憾的是考古学家至今都未能找到空中花园的遗迹。

阿尔忒弥斯(希腊文 Αρτεμιs,英文 Artemis)是希腊神话中的月亮神、狩猎女神,是太阳神阿波罗的妹妹;而罗马神话则称她为狄安娜(Diana),埃及人称她贝斯特(Bastet),阿拉伯人称她 Lat。在古代希腊,阿尔忒弥斯女神深受敬仰,因此人们修建了阿尔忒弥斯神庙。这座神庙建筑以大理石为基础,上面覆盖着木制屋顶。神庙的底座约为 7200 平方米。它最大的特色是内部有两排、至少 106 根立柱,每根大约 12~18 米高。首座阿尔忒弥斯神殿于公元前 550 年由建筑师萨莫斯、乔西宏及他的儿子梅塔杰那斯设计,用伊奥尼亚柱式(Ionian)大理石柱支撑,是当时首座全部由大理石建成的最大的建筑物。整座建筑物由当时著名的艺术家以铜、银、黄金及象牙浮雕装饰,在中央的"U"形祭坛摆放着阿尔忒弥斯女神的雕像,供人膜拜。遗憾的是该神庙毁于公元前356年的大火,当地人在原址重建起的新神庙也于公元262年再罹火难。

宙斯(Zeus)是希腊众神之神,是奥林匹亚(Olympia)的主神,为表崇拜而兴建的宙斯神像是当世最大的室内雕像,宙斯神像所在的宙斯神殿则是奥林匹克运动会的发源地。宙斯神殿是古希腊的宗教中心。神殿位于希腊雅典卫城东南面依里索斯河畔一处广阔平地的正中央,为古希腊众神之神宙斯掌管的地区。这地方如今是一片黄澄澄的丘陵,但是在古希腊时期,四周环绕翠谷和清冽溪水,景境幽雅,更是当时的宗教中心。在古希腊时代,这片地区位于雅典城墙外,到了哈德连帝时代,为了扩大雅典城规模,将城墙往外扩展,才把神殿纳入城内。

神殿于公元前470年开始建造,前456年最后完工,神殿是多利克式(Doricorder)建筑。表面铺上灰泥的石灰岩,殿顶使用大理石兴建,由34个高达17米的科林斯式(Corinthian)支柱撑起来,面积达41.1米×107.75米。庙前庙后的石像都是用派洛斯(Paros)岛的大理石雕成。庙内西边人字形檐饰上的很多雕像,十足是雅典的风格。至于神殿主角——宙斯,采用了所谓的"克里斯里凡亭"(chryselephantine)技术,在木质支架外加象牙雕成的肌肉和金制的衣饰。宝座也是木底包金,嵌着乌木、宝石和玻璃,历时八年之久才完成。

神像昂然地接受人们崇拜达900多年,但最后基督教结束了一切。公元393年,罗马皇帝都路斯(Theodsius)一世,毅然颁发停止竞技的敕令,古代奥林匹克竞技大会也是在这一年终止。接着,公元426年,又颁发了异教神庙破坏令,于是宙斯神像就遭到了破坏,菲迪亚斯的工作室亦被改为教堂,古希腊从此灰飞烟灭。神庙内倾颓的石柱更是在公元522年及551年的地震中被震垮,石材被拆卸,改建成抵御蛮族侵略的堡垒。幸运的是,神像在这之前已被运往君士坦丁堡(Constantinople)(现为土耳其最大城市伊斯坦布尔),被路易西收藏于宫殿内达60年之久,可惜最后亦毁于城市暴动中。

公元前 332 年，马其顿（Macedonia）帝国的亚历山大大帝（Alexander the Great）于埃及尼罗河口西面建立了一个新城——亚历山大（Alexandria）。亚历山大大帝死后，埃及托勒密王朝开始兴起，亚历山大城便成为托勒密王朝的首都并因此而繁荣起来，再加上亚历山大位于亚洲、非洲及欧洲三个洲的接合处，是通往尼罗河及地中海的港口，可以想象亚历山大是如何繁荣，世界通商是如何发达，而且亚历山大城内的法洛斯岛（Pharos）更拥有世界七大奇迹之一的亚历山大灯塔（The Pharos light house）照耀着港口。

公元前 300 年，鉴于亚历山大港附近的海道十分危险，托勒密王朝的第一任法老托勒密（Ptolemy Soter，继亚历山大大帝后统治埃及）下令在亚历山大城的一座人工岛上开始建造法洛斯灯塔。公元前 290 年，由建筑师索斯特拉特（Sostratus）及亚历山大图书馆（Alexandria Library/Mouseion）合作兴建的亚历山大灯塔（法洛斯灯塔）竣工。根据历史的模糊记载，该灯塔高度约 115～150 米，用闪光的白色石灰石或大理石建成。

当亚历山大灯塔建成后，它的高度使它当之无愧地成为当时世界上最高的建筑物。一位阿拉伯旅行家在他的笔记中这样记载道："灯塔建筑在三层台阶之上，在它的顶端，白天用一面镜子反射日光，晚上用火光引导船只。"1500 年来，亚历山大灯塔一直在暗夜中为水手们指引进港的方向。它是六大奇迹（七大奇迹中除埃及胡夫金字塔）中最晚消失的一个。14 世纪的大地震彻底摧毁了它。在倒塌后其地基被作为堡垒一直存在，直到亚历山大港沉没。

亚历山大灯塔与其余六个奇迹不同：它不带有任何宗教色彩，纯粹为人民实际生活而建。亚历山大灯塔的灯光在晚上照耀着整个亚历山大港，保护着海上的船只。

此地还有一些神殿和埃及国王宫殿等建筑物遗迹。虽然亚历山大曾经如此繁荣，但到了今天，亚历山大已面目全非。考古学家猜测，由于公元 4 世纪的一次大地震，这些建筑绝大部分已倒下。考古学家在亚历山大港进行过多次挖掘工程,其中 1996 年的一次挖掘中,法国专家声称在亚历山大港的海底发现了大规模的古代遗迹,其中有古代的道路及铺设道路的铺石。经过多次的调查,数以千计的遗迹被发掘出来,其中大多有几吨至几十吨重。从这些遗迹中,我们可以想象到神秘的亚历山大灯塔的外观。

继承古希腊文明的,是古罗马。罗马人创造了古典城市的顶峰。古罗马帝国的城市之大,不但前无古人,而且至少 800 年之后才有来者。古罗马城在其顶峰时期,也就是大约公元 150—200 年间,人口总数达到 80 万至 130 万的规模。在罗马城衰落以后,百万人口规模的城市,在未来很长一段时间再也没有出现过。在欧洲,再次出现百万人口的城市,要等待漫长的 1600 多年,直到 19 世纪的英国伦敦。而且,那已经是工业革命以后的事情了。在遥远的东方,中国出现百万人口规模的城市,也要等到公元 960—1279 年间的宋朝。据考,北宋(公元 960—1127)汴梁人口达到 140 万左右,南宋(公元 1127—1279)临安的人口则达到 250 万。距离古罗马帝国的顶峰,这也已经是 800 年后了。

罗马城人口众多,催生了当时世界一流的市政建设。毫不夸张地说,古罗马的建筑成就,即便是放在今天依然令人惊叹不止。今天的意大利首都罗马,俨然是一座建筑博物馆。矩形的设计,两条交叉的主要街道,形式上封闭的广场,广场四周的建筑,还有规模巨大的剧场、斗技场、公共浴室,都代表了古罗马建筑的成就。古罗马建筑不仅外表辉煌壮观,还有很高的实用价值和军事价值。罗马的道路、引水渠、排水系统,支持了这个城市的运作,并且源源不断地从古罗马帝国的各处汲取食物、奴隶和各类奢侈品。

西方有句谚语"条条大路通罗马"。这句谚语的起源就来自古罗马大道的修建。罗马大道是以首都罗马为中心面向全国的四通八达的公路网。修建最初是出于战争的需要,以便与别国开战时各军团能迅速地调集到首都,然后奔赴各自的战场。罗马帝国建立之后,战事不多了,于是,罗马大道又成了古罗马帝国的经济命脉,大大促进了农业、手工业和商业的发展,也促进了罗马和世界其他文明中心的交流。因此,它在西方的影响非常大。据史料记载,罗马人共筑硬面公路 8 万千米。这些大道促进了帝国内部和对外的贸易和文化交流。公元 8 世纪起,罗马成为西欧天主教的中心,各地教徒前往朝圣络绎不绝。据说,当时从意大利半岛乃至欧洲的任何一条大道开始旅行,只要不停地走,最终都能抵达罗马。更有趣的是,古罗马统治者为了调兵遣将的方便,下令在大道的两旁种上大树,以便为行军的士兵遮挡炙热的阳光。

(二) 埃及的金字塔

古埃及是世界四大文明的发源地之一,主要位于尼罗河中下游两岸狭长地带。尼罗河谷的农田不必深耕,不必上肥,连杂草也不多生。在土地上撒了种子,用牛拉的原始犁稍微翻起一些土把种子埋上,赶来羊群或猪群把地踩平,在作物生长期间,人们只加以灌溉就能丰收,这样良好的农业条件反而使埃及的农业技术长期处于停滞状态,以致几千年中农具都没有多大改进。由于农业生产所需劳动力数量相对较少,古埃及人能够把大量劳动力投入到其他方面。

古代埃及人对神有着虔诚的信仰,很早就形成了"来世观念",他们甚至认为"人生只不过是一个短暂的居留,而死后才是永久的享受",因而埃及人把冥世看作尘世生活的延续。受这种"来世观念"的影响,古埃及人活着的时候,就诚心备至、充满信心地为死后做准备。每一个有钱的埃及人都要忙着为自己准备坟墓,并用各种物品去装饰坟墓,以求死后获得永生。法老或贵族更是会花费几年,甚至几十年的时间去建造坟墓,使自己能在死后同生前一样生活得舒适如意。

相传,古埃及第三王朝之前,无论王公大臣还是老百姓死后,都被葬入一种用泥砖建成的长方形的坟墓,古代埃及人叫它"马斯塔巴"。后来,有个聪明的年轻人叫伊姆荷太普,在给埃及法老佐塞王设计坟墓时,发明了一种新的建筑方法。他用山上采下的呈方形的石块代替泥砖,并不断修改建造陵墓的设计方案,筑成一个六级的梯形金字塔——这就是我们所看到的金字塔的雏形。

在古代埃及,金字塔是梯形分层的,因此又称作层级金字塔。这是一种高大的角锥体建筑物,底座四方形,每个侧面是三角形,外形就像汉字的"金"字,所以我们称之为"金字塔"(英文是 pyramid,意为角锥体)。伊姆荷太普设计的塔式陵墓是埃及历史上的第一座石质陵墓。位于萨卡拉的佐塞尔金字塔是这类金字塔较为典型的代表。它建于公元前 2750 年,是埃及历史上第一座完全用石头造的巨大的建筑物。

法老是古埃及的国王,金字塔是法老的陵墓。法老为什么要建造金字塔? 巨大的金字塔是怎样建成的? 有人说金字塔是外星人造出来的。如果说关于金字塔大胆而奇妙的设计的传说还能为现代人所接受,那么它规模如此巨大的建造过程就令人难以想象了。

今天在埃及还存在着大大小小共 80 多座金字塔。其中著名的是大金字塔,也称吉萨金字塔(The Great Pyramid of Giza),埃及吉萨金字塔是一个群体的总称,而不是一座单独的金字塔。吉萨金字塔中三座最大、保存最好的金字塔是由埃及第四王朝的三位皇帝胡夫(Khufu)、哈夫拉(Khafra)和门卡乌拉(Menkaura)在公元前 2600 年—公元前 2500 年建造的。三座中最大的金字塔是古王国第四王朝(公元前 2700 年)国王胡夫的墓,它高 146 米,底边各长 230 多米,共用了约 230 万块磨制过的大石,每块平均重 2.5 吨,有的达 15 吨。据记载,运石的路铺了 10 年,造金字塔花了 20 年,有 10 万人参加了这项工程。现代人无法想象,这些巨石到底是如何垒起来的。

被称为"西方史学之父"的希罗多德曾记载,建造胡夫金字塔的石头是从"阿拉伯山"(可能是西奈半岛)开采来的。修饰其表面的石灰石,是从河东的图拉开采运来。在那时开采石头并不容易,因为当时人们并没有炸药,也无钢钎。埃及人当时用铜或青铜的凿子在岩石上打眼,然后插进木楔,灌上水,当木楔子被水泡胀时,岩石便被胀裂。这样的方法在今天看来也许很笨拙,但在 4000 多年前,却是很了不起的技术。

在建造胡夫金字塔时,胡夫强迫所有的埃及人为他做工,他们被分成 10 万人的大群来工作,每一大群人要劳动 3 个月。这些劳动者中有奴隶,也有许多普通的农民和手工业者。古埃及人借助畜力和滚木,把巨石运到建筑地点,后又将场地四周天然的沙土堆成斜面,把巨石沿着斜面拉上金字塔。就这样,堆一层坡,砌一层石,逐渐加高金字塔。建造胡夫金字塔花了整整 20 年的时间。一位学者提出了比较有说服力也比较客观的说法。他说的是螺旋式建造法,就是沿四面墙壁建成螺旋式的阶梯状,一边上阶梯,一边往上盖。这样就不需要用到杠杆、撬棍、起重机。这种提法比较符合古埃及的实际情况。

千百年来,埃及金字塔到底是如何建造的这个问题一直困惑着全世界的人们。胡夫金字塔经过几千年的风吹雨打,顶端已经剥蚀了将近 10 米。但在 1888 年华盛顿纪念碑建成以前,它一直是世界上最高的建筑物。这座金字塔的底面呈正方形,每边长 230 多米,绕金字塔一周,差不多要走一公里的路程。

据说日本一家大公司曾经想使用古代技术建造一座吉萨胡夫金字塔八分之一大小的金字塔,但每个步骤均失败了:无法用青铜制的凿子采石(后用现代工具),无法用古代最大的木船将巨石运过尼罗河(后用轮船),因为下陷而无法用木筏、牛车、滚木在沙漠中运输(后用运输车辆走公路),无法用任何方法搭建(后用直升机、起重机吊装)。所有现代手段都用上,最后,四个面无法汇聚于一个顶端。这是从最初的设计、测量、施工等每个环节的误差积累到最后放大的结果。

胡夫金字塔,除了以其巨大的规模而令人惊叹以外,还以其高度的建筑技巧而闻名。塔身的石块之间,没有任何水泥之类的粘着物,而是一块石头叠在另一块石头上面。每块石头都磨得很平,至今已历时数千年,人们很难将一把锋利的刀刃插入石块之间的缝隙。它能历数千年而不倒,这不能不说是建筑史上的奇迹。此外,在大金字塔身的北侧离地面 13 米高处有一个用 4 块巨石砌成的三角形出入口。这个三角形用得很巧妙。如果不用三角形而用四边形,那么,一百多米高的金字塔本身的巨大压力将会把这个出入口压塌;而用三角形,就使那巨大的压力均匀地分散开了。在 4000 多年前对力学原理有这样的理解和运用,能有这样的构造,确实是十分了不起的。

关于这座金字塔有很多传奇故事和一些至今还没有被完全揭开的建造之谜。比如:金字塔位置十分特殊,穿过它的子午线均分地球上的大陆和海洋,塔的重心也接近各大陆的引力中心;其高的十亿倍约等于地球与太阳之间的距离,塔底边和其高的比值乘以 2 约等于圆周率;金字塔高的平方等于塔的一个侧面积。这些数据仅仅是巧合还是说明埃及人的数学真的达到那么发达的水平?这个疑问至今还难以考证。胡夫金字塔以其雄伟的身姿列入世界七大奇迹。

胡夫死后不久,在他的大金字塔不远的地方,又建起了一座金字塔。这是胡夫的儿子哈夫拉的金字塔。它比胡夫的金字塔低 3 米,但由于它的地面稍高,因此看起来似乎比胡夫的金字塔还要高一些。塔的附近建有一个雕着哈夫拉的头部而配着狮子身体的大雕像,即所谓狮身人面像。除狮身是用石块砌成之外,整个狮身人面像是在一块巨大的天然岩石上凿成的。它至今已有 4500 多年的历史。

金字塔本身的建造,足可使拥有现代科技的我们瞠目结舌。对于金字塔如何建成有千百种说法,有人把神秘的金字塔同变幻莫测的飞碟上的外星人联系起来。还有人说得更玄,把金字塔与神秘学联系起来,认为金字塔是地球前一次高度文明社会灭亡后的遗迹,或者是诸如大西洲之类已经毁灭的人类文明的遗留物。2000 年,法国人约瑟·大卫杜维斯提出了他惊人的见解,声称金字塔上的巨石是人造的。大卫杜维斯借助显微镜和化学分析的方法,认真研究了巨石的构造。他根据化验结果得出这样的结论:金字塔上的石头是用石灰和贝壳经人工浇筑混凝而成的,其方法类似今天浇灌混凝土。由于这种混合物凝固硬结得十分好,人们难以分辨出它和天然石头的差别。此外,大卫杜维斯还提出一个颇具说服力的佐证:在石头中他发现了一缕约 1 英寸长的人发,唯一可能的解释是,工人在操作时不慎将这缕头发掉进了混凝土中,保存至今。一些科学家认为,鉴于现代考古研究业已证实人类早在数千年前就知道如何制作混凝土,所以大卫杜维斯的论断颇为可信。但更多的学者则对此提出了质疑,他们说:既然开罗附近有许多花岗岩山丘,那么,古埃及人为什么要舍此而去用一种复杂的操作方法来制造那难以计数的石头?

越来越多的证据表明,金字塔确确实实是古埃及人建造的,当时一定集中了古埃及人的所有聪明才智,因为它需要解决的难题肯定是很多的。当然,这些问题都解决了,金字塔修起来了,而且屹立了 4000 多年,这本身就是一大奇迹。所以,金字塔是古代埃及人民智慧的结晶,是古代埃及文明的象征。

二、近代伟大工程

(一)近代教堂建筑工程

从古代到近代,西方的工程奇迹总能体现在教堂建筑上。12 世纪开始,西欧人把对宗教的信仰投入到了建造教堂的狂热当中,几乎每一座城市都在大兴土木,信仰的圣殿被越建越大,越建越高。以哥特建筑为例,哥特原为参加覆灭古罗马帝国的一个日耳曼民族,其称谓含有粗俗、野蛮的意思。文艺复兴时期的欧洲人,因厌恶中世纪的黑暗而"赠"给中世纪建筑这样一种称谓。习惯上,人们将与中世纪的这种主要建筑风格一致的建筑,均称为"哥特式建筑",它们大多是教堂建筑。

哥特式建筑的总体风格特点是空灵、纤瘦、高耸、尖峭。尖峭的形式,是尖券、尖拱技术的结晶;高耸的墙体,则包含着斜撑技术、扶壁技术的功绩。这种建筑的基本特征是高而直,其典型构图是一对高耸的尖塔,中间夹着中厅的山墙,在山墙檐头的栏杆、大门洞上设置一列布有雕像的凹龛,把整个横立面联系起来,在中央的栏杆和凹龛之间是圆形玫瑰窗。

从内部空间看,哥特式教堂的平面一般为拉丁十字形,中厅窄而长,其内部结构裸露,近于框架式,垂直线条统率着所有部分,使空间显得极为高耸。束状的柱子涌向天顶,像是一束束喷泉从地面喷向天空;有时像是森林中一棵棵挺拔的树干,叶饰交织,光线就从枝叶的缝隙中透进来。

大量的尖拱、交叉肋拱,以及对飞扶壁的运用,使得原本黑暗沉重的教堂霎时间变得轻盈、高大和明亮起来。尤其是教堂的墙壁从厚重的砖石中被解放出来,代之以大幅的彩绘玻璃。

哥特式教堂建筑的代表作有法国的巴黎圣母院、意大利的米兰大教堂、德国的科隆大教堂。

科隆大教堂位于德国的科隆市中心,始建于 1248 年,直到 1880 年才最后完成。这座大教堂是哥特式宗教建筑艺术的典范,甚至有人说它是世界上最完美的哥特式教堂建筑。它高达 157 米(与 40 多层的高楼大厦相近),建筑面积 7914 平方米(大过一个标准足球场 7140 平方米),建筑耗资 668.2 万银塔勒(大约相当于 130 亿人民币,也就是差不多 4 个鸟巢的造价),时间跨度 632 年。

科隆大教堂作为哥特式教堂的典范之作,也是德国人用固有的严谨和规范把哥特式风格发挥到极致的体现。它是世界上第二高的尖塔教堂(德国南部单塔 161 米高的乌尔姆教堂为世界第一),可以说是哥特式建筑的纪念碑。30 万吨的石头,1 万立方米的彩绘玻璃,632 年的时光,造就了这座德国最大的教堂。它已经超越了建筑本身的特性,是汇聚人类智慧、信仰、美术、艺术的结合体。

科隆大教堂这个庞然大物,在二战中躲过一劫,能完整地被保存下来也是一个奇迹。这中间有一段鲜为人知的故事。传说当年科隆大教堂半建半停时,就是许多流浪汉寄宿的地方。建成后,教堂让流浪汉们寄宿在地下甬道里,虽然这里阴暗无比,条件很差,但流浪汉们却已非常满足了。二战后期,盟军决定轰炸德国西线最后的据点科隆。此消息一出,许多科隆人纷纷外逃,科隆大教堂也一下子变得冷清。寄宿在大教堂里的流浪汉中,有一位老者站了出来。他说,虽然我们无力保护它不被炸毁,但我们能做的是将大教堂里的玻璃壁画全拆下来,留给我们的后人。这位老者的提议得到了所有流浪汉的支持。在他的带领下,流浪汉们开始拆卸玻璃壁画。这是一项繁重的工作:一万多块壁画,既要快速拆下又要保证不损坏。盟军的轰炸机呼啸而至,巨大的轰鸣声表明他们马上就要轰炸了,但这群流浪汉没有一个人逃离，他们仍按部就班地拆卸着壁画。这一幕深深地震撼了盟军轰击机上的军人。领头的轰击机改变了方向，上了膛的炮弹并没有朝大教堂的主体发射，而只是象征性地朝它的周围射了过去，接着便呼啸而过。随后的几架轰炸机也跟着做出了类似的动作，"敷衍了事"地飞走了。此后几天，整个科隆几乎被盟军的炮火夷为平地，唯有科隆大教堂依然耸立在原地。

2008 年 5 月，一封解密的二战盟军轰炸科隆的飞行记录揭开了谜底。一个代号为 MX78 的军官这样写道："当我决定下令改变主意，放过大教堂的那刻起，我就知道我会因此而受到处罚，但是，当你看到一群衣衫褴褛的人，将自己悬在高高的塔尖之外，不顾生死地抢救壁画时，相信你也会跟我做出同样的决定。"

（二）埃菲尔铁塔

就在科隆大教堂竣工后的第 9 年，1889 年，著名的埃菲尔铁塔建成了。矗立在法国巴黎塞纳河南岸的战神广场上的埃菲尔铁塔，成了世界著名建筑、法国文化象征之一、巴黎城市地标。铁塔的名字来自于设计它的著名建筑师、结构工程师古斯塔夫·埃菲尔。

1880 年，法国刚刚结束普法战争的耻辱。1884 年，为了显示国力，法国议会做出决定：1889 年 5 月 5 日至 11 月 6 日，在巴黎再次举办世博会，主题是庆祝法国大革命胜利 100 周年。当看到 1851 年伦敦举办万国博览会取得了空前成功之后，法国人有了很强的急迫感。于是，他们想到要建造一座超过英国"水晶宫"的博览会建筑。当时，石制的华盛顿纪念碑刚刚完工，这座高达 170 米的纪念碑，成为了世界上最高的建筑。而法国人希望超越这一纪录，在巴黎市中心建造一座300 米的高塔。1886 年 5 月 2 日，法国政府宣布举行一个设计大赛，法国的工程师和建筑师们被邀请参加，共同研究在战神广场竖起一个底座 125 平方米、高度 300米铁塔的可能性。无论参加大赛的人提出什么样的构想都受到鼓励，但他们的设计必须满足如下两个条件。一是这个建筑可以用来募集资金，也就是说必须能够吸引足够的旅游者买票参观，所得资金可以维持这个建筑本身。二是它应被设计成一个临时的建筑,在博览会之后能够轻易地拆除。

截止 1887 年 5 月 18 日最后期限,组委会收到超过 100 份设计稿。其中大部分都非常传统,也有一些则非常怪异。如有人提出建造一个巨大的断头台;有人提议竖起一个 300 米的洒水装置,在干旱的季节里灌溉整个巴黎;还有人建议在高塔的顶上安装一个巨大的电灯,可以把整个巴黎照亮 8 倍,方便阅读报纸。结果,这些提案没有一个获得通过。

当时欧洲有名的建筑设计师,53 岁的埃菲尔也参加了项目设计竞赛。他建议法国当局建造一座高度两倍于当时世界上著名建筑物——胡夫金字塔、科隆大教堂和乌尔姆大教堂的铁塔。1886 年 6 月,他向 1889 年博览会总委员会提交了图纸和计算结果。1887 年 1 月 8 日,他的方案中标,埃菲尔团队的最后建塔方案获得批准。1887 年 1 月 28 日,埃菲尔铁塔工程正式破土动工,工程全部由施耐德铁器(现施耐德电气)建造。

让这样一座工程铁塔高耸在巴黎上空,那些热爱巴黎古典文化的人们真是难以忍受。尽管埃菲尔设计的铁塔基座象征性地采用了凯旋门的"拱"这样的古典主义建筑元素,但在材料和结构上的重大革新,远远超出了人们的接受程度。这些人都已经习惯于古典主义石头建筑文化。巴黎的文学、艺术、建筑界的精英也参与抗议,反对修建巴黎铁塔。法国著名文学家莫泊桑、小仲马等 300 位著名人士签订了《反对修建巴黎铁塔》抗议书。名人的抗议引发了群众的请愿,他们提出:巴黎铁塔如同一个巨大的黑色的工厂烟囱,耸立在巴黎的上空。这个庞然大物将会掩盖巴黎圣母院、卢浮宫、凯旋门等著名的建筑物。这些由钢铁铆接起来的丑陋的柱子,将会给这座有着数百年气息的古城投下令人厌恶的影子。

扬言"铁塔建成之日,就是我出走巴黎之时"的莫泊桑,在埃菲尔铁塔建成以后,在巴黎满地寻找一处没被铁塔破坏的场景,最后他不得不把自己送进铁塔里的餐厅,因为那里是巴黎唯一一处看不见铁塔的地方。而另一位文学家魏尔伦则每次路经铁塔都会绕道而行,以免看见它的丑陋形象。

铁塔还有来自其他领域的批评者。法国一位数学教授预计,当塔建到 229 米之后,这个建筑会轰然倒塌。还有"专家"称铁塔的灯光将会杀死塞纳河中所有的鱼。巴黎版的"*New York Herald*"声称铁塔正在改变气候,日报"*Le Matin*"则用头条报道铁塔"正在下沉"。不过铁塔的建造工程一刻也没有因为这些反对声而停歇,一种敬畏的情绪开始取代畏惧。

建筑师埃菲尔通过在《时代报》的一系列答记者问,成功地解除了群众的疑惑,反对的声音明显趋低,埃菲尔铁塔继续修建,没有受到争议和恐吓的影响。1889 年 3 月 31 日,埃菲尔铁塔主建筑修建完工。埃菲尔铁塔成了当年世博会最经典的建筑。

铁塔之所以能保留下来还应感谢随后而来的两次世界大战。法国人在这个被认为"毫无意义"的大家伙的塔顶装上探照灯和大炮,他们发现这对保卫巴黎很有用。借助爱国主义这样一个台阶,并在现实功用的小心庇护下,人们开始承认铁塔在巴黎的中心地位——它不但走进了卢梭的浪漫主义画布中,也走进了阿波利内尔的未来主义诗章里;它不但走进法国公民的日常生活中,也走进哲学家罗兰·巴特的哲学殿堂里;它不但走进法国伟大的导演雅克·坦迪所拍摄的上世纪 60 年代的经典电影里,也走进了上世纪 90 年代美国的流行电影里。

后来,这位工程师的头像被印在法国钱币 200 法郎上。当初说服公众支持铁塔方案时,他所选择的方式就是关于法郎的经济计算问题。他预计铁塔每年能吸引 50 万游客,这多少会为巴黎带来一些经济回报。事实上,2011 年约有 698 万人参观埃菲尔铁塔。时间到了 2004 年的夏末,当第两亿名游客登上铁塔之时,有谁还会在乎这些人所带来的经济收入?何况巴黎反对一切建筑,无论是当年的埃菲尔铁塔,还是后来的卢浮宫扩建,经济从来都没有成为反对的真正理由。对巴黎人来说,文化是最值得争论的头等大事。

埃菲尔铁塔塔高 300 米,天线高 24 米,总高 324 米,由很多分散的钢铁构件组成——看起来就像一堆模型的组件。它的结构体系既直观又简洁:底部是分布在每边 128 米长底座上的 4 个巨型倾斜柱墩,倾角 54°,由 57.63 米高度处的第一层平台联系支承;第一层平台和 115.73 米高度处的第二层平台之间是 4 个微曲的立柱;再向上 4 个立柱转化为几乎垂直的、刚度很大的方尖塔,其间在 276.13 米高度处设有第三层平台;在 300.65 米高度处是塔顶平台,布置有电视天线。第一次世界大战中,铁塔在无线电通信联络方面作出了重大贡献。

埃菲尔铁塔总重 10000 吨,承担这些重量的是 4 个坚固的穿过持力层直至下卧层的沉箱基础。其钢铁构件有 18038 个,施工时共钻孔 700 万个,使用 1.2 万个金属部件,由 250 万个铆钉连接固定。据说它对地面的压强只有一个正常的成年人坐在椅子上那么大。除了四个脚是用钢筋水泥之外,全身都用钢铁构成,共用去熟铁 7300 吨。塔分三层,分别在离地面 57.63 米、115.73 米和 276.13 米处。其中一、二层设有餐厅,第三层建有观景台,从塔座到塔顶共有 1711 级阶梯。塔的四个面上,铭刻了 72 位科学家的名字,都是为了保护铁塔不被摧毁而从事研究的人们。

在修建埃菲尔铁塔的过程中,共有 50 名建筑师和设计师画了 5300 张蓝图。埃菲尔的计算极为精确,位于勒瓦卢瓦-佩雷的工厂生产了 12000 件规格不一的部件,安装中没有一件需要修改,施工的两年时间内几乎没有发生一起事故。建筑师埃菲尔采用了许多具有创造性的技术。例如,和当时其他的大型建筑工程不同,埃菲尔预先在自己的车间里面制造好所有的部件。也就是说,当这些部件被送往工地的时候,能够很快速地安装完毕。铆钉孔预先以十分之一毫米的容差制作完毕,使得 20 个铆接小组能够每天装配 1650 个铆钉。建造铁塔的每个部件都不超过 3 吨重,这使得小型起重机得以普遍应用。

埃菲尔铁塔是当时席卷世界的工业革命的象征,曾经保持世界最高建筑纪录 45 年,直到克莱斯勒大厦的出现。埃菲尔铁塔和东京铁塔、帝国大厦并称为"西方三大著名建筑"。它显示出法国人异想天开式的浪漫情趣、艺术品位、创新魄力和幽默感。它代表着当时欧洲正处于古典主义传统向现代主义的过渡与转换。

三、现代工程奇迹

20世纪的工程有了迅猛发展和质的飞跃。人类知识宝库中有80％的科学发现、技术发明和工程建设是20世纪的科学家和工程师创造的。依靠新知识，工程师们创建了人类历史上从未有过的工程和机械，彻底改变了人们的生产和生活方式，提高了创造财富的能力，改善了人们的生活质量，延长了人类平均寿命，使人类真正进入了现代文明社会。

美国土木工程师学会在20世纪末曾选出世界七大工程奇迹。它们分别是巴拿马的巴拿马运河、荷兰的北海保护工程、美国的帝国大厦和金门大桥、加拿大的国家电视塔、巴西的伊泰普大坝，以及英国和法国的英法海底隧道。事实上，20世纪的工程奇迹实在太多了，工程的领域也越来越广泛，简单的"几大奇迹"式的排名已经不能反映其全貌了。

美国有线电视新闻网（CNN）2010年曾公布人类历史上22项最伟大的工程：棕榈岛（阿联酋国迪拜）、塞戈维亚输水道（西班牙）、万里长城（中国）、泰姬陵（印度）、西伯利亚大铁路（俄罗斯）、哈利法塔（阿联酋国迪拜）、法国米诺高架桥（法国）、明石海峡大桥（日本）、白隘口和育空地区干线铁路（加拿大）、国际空间站、特奥蒂瓦坎古城遗址（墨西哥）、巴拿马运河（巴拿马）、大峡谷空中走廊（美国）、上海环球金融中心（中国）、伦敦地铁系统（英国）、胡佛水坝（美国）、吉萨金字塔（埃及）、金门大桥（美国）、埃菲尔铁塔（法国）、联邦大桥（加拿大）、罗马圆形大剧场（意大利）、加拿大国家电视塔（加拿大）。

尽管上述排名并不是很权威，尤其当代中国的工程项目入围得少，反映出世界对中国工程的认识还不够全面，但一些工程还是公认有一定的代表性。

（一）巴拿马运河与苏伊士运河

1492年，西班牙航海家哥伦布在横跨大西洋之后，到达了大西洋之滨的巴哈马群岛，发现了一块"全新"的大陆——美洲。哥伦布的地理大发现为支持航行的西班牙女王带来惊喜。西班牙率先从美洲掠夺巨额财富,并因此在世界舞台上迅速崛起,成为当时唯一一个能够与葡萄牙抗衡的国家。在美洲大陆,西班牙人也凭借武力从客人一跃成为主人。

在南美大陆和火地岛之间,有一条十分迂回曲折的海峡。它的西段呈西北—东南走向,中段南北走向,东段又从西南折向东北,自西至东拐了一个直角弯。中、西段的海岸也很曲折。两岸陡壁耸立,海岬、岛屿密布。峡中风大雾多,潮高流急,多旋涡逆流,海上时有浮冰,不利于航行。所以这里一直是一个人迹罕至的海域,大西洋和太平洋被分隔在海峡两边。这就是著名的麦哲伦海峡(Strait of Magellan)。它位于南美洲大陆最南端,由火地岛等岛屿围合而成。葡萄牙航海家麦哲伦于 1520 年首次通过该海峡进入太平洋,故得名。麦哲伦海峡蜿蜒曲折,长 563 千米,最窄处仅有 3.3 千米,最宽处却有 32 千米。麦哲伦海峡是南大西洋与南太平洋之间最重要的天然航道,但由于长期恶劣的天气,加上海峡狭窄,所以船只很难航行。东段开阔水浅,主航道最浅处只有 20 米,两岸是绿草如茵的草原景观。海峡处于南纬 50 多度的西风带,强劲而饱含水汽的西风不仅给海峡地区带来低温、多雨和浓雾,而且造成大风、急浪,是世界闻名的猛烈风浪海峡,不利于航运发展。当年麦哲伦穿过海峡的时候,看到南侧的岛屿上到处有印第安人燃烧的篝火,便给这个岛屿起名叫"火地岛"。合恩角就处在火地岛的南端,在南极大陆未被发现以前,这里被看作是世界陆地的最南端。于是麦哲伦海峡或合恩角成为南大西洋和南太平洋间的重要航道。

有没有办法不绕道合恩角,而从大陆上开凿一个"人造海峡"呢?这个设想一直激励着当时的探险家和商人。1503 年巴拿马沦为西班牙殖民地。西班牙人巴尔沃亚发现了巴拿马地峡,并成功地从大西洋沿岸穿越到太平洋沿岸。这样,巴尔沃亚成为第一个看见太平洋的西方人。这已经是在哥伦布发现新大陆 20 年后了。在巴尔沃亚之前,许多西方人都到达过美洲。哥伦布已经四次到达这里了,其他欧洲探险者和冒险家也纷至沓来,但他们都仅仅活动在美洲大陆的东岸。他们孜孜以求的是找到穿越美洲的海峡，到那盛产香料和黄金的亚洲去。

我们知道，夹在两块陆地之间，连接两个海域的狭窄水道是海峡；而在海洋中连接两块陆地的狭窄陆地则是地峡。当时探险家的意识中只有"海峡"，没有"地峡"。巴尔沃亚是聪明的，他没有去寻找海峡，而是在印第安人的帮助下，找到了巴拿马地峡。他从印第安人那里知道了，只要穿过这地峡，就能看到他梦寐以求的大南洋（他当时给太平洋起的名字）。结果他成功了。这一发现，使得从大西洋到太平洋的航程缩短了近 5000 千米，其意义不逊于哥伦布发现新大陆。

西班牙人的这次穿越经历，使巴拿马地峡成为日后开凿运河最重要的备选地，于是在位于南、北美洲分界线的巴拿马开凿运河的设想使人眼前一亮：将巴拿马运河作为新的沟通太平洋和大西洋的重要航运要道，这比绕道南美洲南端狭窄而曲折的麦哲伦海峡或合恩角缩短路程约 14800 千米！

1523 年，西班牙国王查理一世决定在中美洲建设一条运河。西班牙人开始为开凿运河进行大规模勘查，并选定四个可供开凿的地点。但是，西班牙人的运河计划几度搁浅，因为西班牙人的自我膨胀使得它在欧洲四处树敌。另一方面，财富来得轻松的西班牙对于方兴未艾的工业革命和崭新的工商业方式并不感冒，他们只是一味地买地、圈地，拥有更多殖民地。这样，当欧洲大陆的荷兰、英国凭借商业、工业迅速崛起之际，仅仅拥有殖民地优势的西班牙就开始了它的没落之旅，而在中美洲开凿运河的计划也就一再拖延。

时间又过去了近三百年，在 1814 年，西班牙终于决定正式开凿运河。但正所谓时过境迁，今非昔比。在西班牙人准备为运河大干一场时，拉美独立战争如火如荼。日薄西山的西班牙不仅无力在拉美独立战争中得到好处，而且也没有足够的力量插足美洲事务，西班牙人的运河开凿计划再度胎死腹中。随着巴拿马地区成为大哥伦比亚共和国的一部分，失去了中美洲的西班牙人永远地失去了开凿这条运河的机会。

1846 年，建国仅仅 70 年的美国把目光瞄准了巴拿马运河。19 世纪中叶，老牌帝国主义国家英国在亚洲的扩张激战正酣。羽翼渐丰的美国以高度柔软的身段与拥有巴拿马地区的新格拉纳达签订协议，就开凿运河一事达成一致。很可能是为了解除英国的顾虑，在获得运河的开凿权之后，美国与英国达成协议，由英美两国联合保证运河的中立。虽然美国人没有能够让自己独霸运河，却成功地解除了势力最为强大的英国凭借武力独占运河的危险。

在初次提出运河计划的时候，美国人或许并不清楚运河对于他们意味着什么，他们甚至根本就没有考虑过开凿运河的难度，他们或许只是凭借着本能的扩张雄心到处圈地。年轻的国家建设者凭着激情和梦想，为美国的未来孕育了一颗繁荣的种子。

签订协议不久，美国爆发了南北战争。随着战争的结束，统一后的美国显示出了强劲的发展态势，经济水平直追欧洲强国，开始显示出一个大国的霸气。1869 年，在旧的条约过期失效之后，美国与哥伦比亚（新格拉纳达 1861 年改用"哥伦比亚"之名）重新签订了关于运河的条约。此时的美国，虽然还没有成为全球霸主，但是对于控制运河乃至哥伦比亚的野心已经昭然若揭。哥伦比亚政府开始以审慎的眼光看待巴拿马运河的开凿，他们将目光转向了欧洲大国。

在哥伦比亚警惕美国的同时，1869 年，由法国主导开凿的苏伊士运河通航，这让哥伦比亚对法国产生了浓厚的兴趣。1878 年，哥伦比亚毅然甩开美国人和此前的条约，重新与法国人签订协议，由法国人来承接这项工程。次年，在审议巴拿马运河问题的国际会议上，美国代表的强烈反对在英、法、德等欧洲强国面前虚弱无力。

法国人成立了一个新的公司正式开始运作运河工程，并由曾经主导开凿苏伊士运河的费迪南·德莱塞普任工程总指挥。这本来应该是一个完美的工程，但是，费迪南照搬了他修建苏伊士运河的经验，完全没有考虑到巴拿马的特殊地理、气候环境。费迪南原本希望利用巴拿马地峡众多的湖泊减小工程量，修建一条海平式运河。但是，施工四年后，他才发现，巴拿马地峡太平洋一端的海面，要比加勒比海一端高出五六米，根本修建不了海平式运河。但是如果改成梯级船闸式的运河方案，预算根本就不够。他们已经付出 3 亿美元了，实在是没有钱继续推进工程。同时，在高燥地带开凿苏伊士运河和在热带丛林内开凿完全不同，属于热带雨林气候的巴拿马地峡潮湿闷热，疫病四处蔓延，同时密林中毒虫遍布，简直是一座人间地狱。洪水、泥泞、热带的流行病如疟疾、黄热病等造成的高死亡率迫使法国人放弃了这个计划。

在法国人为自己决策的莽撞付出惨重代价的同时，作壁上观的美国当然不会放过刁难法国人的机会。美国人控制着唯一一个可以为运河工程运送物资的铁路，在这个铁路的使用上，美国人极尽捣乱之能事，使得原本就焦头烂额的法国人伤透脑筋。在工程进行十年之后，1894 年，筋疲力尽的法国人终于低下了高贵的头颅，承认自己的失败。

也就是在法国承认失败的这一年，美国工业总产值跃居各国之首，成为世界第一经济强国。随着国力的增强，开凿一条贯通大西洋和太平洋的运河，对于美国而言已经拥有了无与伦比的战略意义。美国人敏锐地感觉到，他们必须掌控一条东海岸到西海岸的快捷航线，而且不能让欧洲国家控制这条航线。财大气粗的美国人再次提起了开凿运河的计划。这一次，美国势在必得。为此，他们甚至放风，他们会在中美洲别的地方重新开凿运河，以对哥伦比亚政府造成压力。

1902 年 6 月 28 日，美国国会通过开凿巴拿马运河的议案，并授权西奥多·罗斯福总统支付 4000 万美元以获取开凿巴拿马运河的许可。但是，哥伦比亚人对美国政府充满了怀疑。两国之间虽然曾屡签协议，但是又屡被推翻。哥伦比亚甚至呼吁欧洲各国一起来帮助他们保证运河的中立地位。美国人为尽快拿到运河开凿权，决定绕过哥伦比亚，为此策划支持巴拿马独立出哥伦比亚。在美国经济、武力等多方面的支持下，1903 年 11 月 4 日，巴拿马宣布独立。十几天之后，美国人从这个新政府手中获得了运河的开凿权。在同巴拿马政府签订的协议中，美国取得了运河区永久的控制权，在巴拿马建立起国中之国——巴拿马运河区。

1904 年,运河再次开凿,由于吸取了法国人的前车之鉴,美国人的工程进行得很顺利。美国又追加了 3 亿 7500 万美元,历时 10 年,共挖掘了 1 亿 7700 万方土方,用了 450 万方混凝土,最多时有 4 万工人同时施工,死去劳工 7 万余人。1915 年运河正式通航。为庆祝巴拿马运河通航,这一年,美国在旧金山举办了巴拿马太平洋世界博览会。1920 年,美国正式开放巴拿马运河供全球使用。

被誉为世界第八大工程奇迹之一的巴拿马运河横穿巴拿马地峡,连接太平洋和大西洋。巴拿马运河全长 81.3 千米(大约为 1000 多年前隋代挖掘的京杭大运河长度的 5‰),河面最宽处为 304 米,最窄处只有 91 米,水深 13.5 米至 26.5 米,可以通航 6 万吨以下和宽度不超过 32 米的船只。巴拿马运河连接的大西洋和太平洋水位相差较大,由于运河 38 千米河段在海拔 26 米的加通湖中,运河大部分河段的水面比海面高出 26 米。为了调整水位差,工程建设者在运河南北两端各设了 3 道水闸,即共建造了 6 座船闸。从太平洋一侧进口时,通过米腊弗洛雷斯双闸阶,经米腊弗洛雷斯湖和佩德罗米格尔单闸阶,将船只由海平面提升 26 米,进入加通湖,另一端经过三级加通船闸将船降低,与大西洋海面齐平。船舶通过运河一般需要 9 个小时。

1956 年埃及将苏伊士运河收归国有,增强了巴拿马人民将巴拿马运河收归国有的信心。经过巴拿马人民的坚决斗争,美巴两国政府首脑于 1977 年 9 月 7 日在华盛顿签署了新的巴拿马运河条约。1989 年,当巴拿马总统诺列加要求立即收回运河主权时,美国军队随即攻进巴拿马,迫使这位总统"自愿"走出藏身之所,到美国接受审判。幸运的是,1999 年 12 月 31 日,巴拿马收回运河主权,美国将巴拿马运河所有土地、建筑、基础设施和所有的管理权都交还给巴拿马。无论美国有多么不情愿,在大国之间争权夺利数百年后,小国巴拿马终于收回了原本就应该属于自己的运河。

巴拿马运河船闸并不大,每级闸室长 305 米、宽 33.5 米、深 25.9 米。这样 32 米宽的轮船两舷离闸室壁只有 1 米左右。因为世界上许多巨轮均采用这样的船宽,其实就是专门为通过巴拿马运河设计的最大尺寸,这种船型也叫巴拿马型(长294.1米,宽32.3米,吃水12.04米),它已成为航运业标准船型。过船闸使运输效率很低,运河每天仅能通过38至42艘大船。

随着全球化进程加速,亚洲至美东地区(包括南美东海岸)货运量逐年攀升,这使得有着近百岁"高龄"的巴拿马运河越来越力不从心。船舶大型化发展趋势也使巴拿马运河的通行能力遭遇瓶颈。在这个古老的运河已不能满足新世纪的航运需要之时,巴拿马政府决定对运河进行扩建。2006年,经过全民公决,巴拿马通过了运河扩建计划。运河扩建工程预计耗资83亿~200亿美元,耗时十年,被称为"20世纪的最后一项巨大工程"。工程完工后,运河的最大运输量增加一倍。扩建后,巴拿马运河的船闸宽度将由33.5米扩展至55米,船闸长度将由305米扩展至427米,河道将被浚深到15米,全长81.3千米的运河船舶通行量比过去增加一倍。

运河扩建工程2015年竣工,2016年正式通航。运河扩建后,每年有1.7万艘船只从这里通过,运河的货物年通过量也从3亿吨增加到6亿吨。随着巴拿马运河船闸的扩建,依据巴拿马运河船闸最大通航能力设计的巴拿马型船设计方案也随之改变,新巴拿马型船应运而生。新巴拿马型船是依照新船闸尺寸和吃水限制标准建造的船舶,即长366米、宽49米、吃水15.2米。

在埃及有着与巴拿马运河相齐名的另一条人工开凿的运河——苏伊士运河,它也同样是值得埃及人民骄傲与自豪的。这条位于埃及东北部,北起地中海边上的塞德港、南至红海苏伊士湾的陶菲克港的人工运河,长173千米到195千米(包括两端伸入海中的航道),河面宽300米~350米,平均水深20米,可通过150万吨的满载货船和30多万吨的空载货船,平均过河时间为12至13个小时。

早在18世纪末,拿破仑·波拿巴占领埃及时就计划建造运河以沟通地中海与红海。不过法国人的勘定结果错误,计算出红海的海平面比地中海要高,也就意味着建立无船闸的运河是不可能的,随后拿破仑放弃计划,并在和英国势力的对抗中离开埃及。法国在拿破仑失败之后，重建法兰西第二殖民帝国。因为在美洲的殖民地失于英国，所以法国重点向东方发展，打通苏伊士运河对法国来说意义更为重大。

1854 年和 1856 年，法国驻埃及领事费迪南·德·雷赛布子爵获得了奥斯曼帝国埃及总督帕夏塞伊德特许。帕夏塞伊德授权费迪南成立公司，并按照澳大利亚工程师阿洛伊斯·内格雷利制定的计划建造向所有国家船只开放的海运运河。1858 年 12 月 15 日，苏伊士运河公司建立。他们强迫穷苦埃及人穿过沙漠挖掘运河，工程费时近 11 年，部分苦力甚至被施以鞭笞。工程克服了很多技术、政治和经费上的问题。工程最终花费高达 1860 万镑，比最初预算的两倍还多。

1869 年，苏伊士运河修筑通航。它是一条无闸明渠，全线基本为直线，仅有 8 个主要弯道。运河自北向南贯穿四个湖泊：曼札拉湖、提姆萨赫湖、大苦湖、小苦湖。两端分别连接北部地中海畔的塞得港和南部红海边的苏伊士城。由于地中海与红海水位差仅为 25 厘米，故苏伊士运河上无需设船闸，是一条海平面的水道，在埃及贯通苏伊士地峡，沟通地中海与红海，提供从欧洲至印度洋和西太平洋附近土地的最近航线。它是世界上使用最频繁的航线之一，也是亚洲与非洲的交界线，它的建成使得非洲大半岛变成非洲大陆，并成为亚洲与非洲、欧洲人民来往的主要通道。

运河通航之后，从欧洲到印度洋的航船不得不绕道非洲最南端的好望角成为历史。欧洲的船只可经地中海，驶过苏伊士运河和红海直接进入印度洋。船只经苏伊士运河要比绕道好望角缩短 8000～10000 千米的航程，节省 10 天到 40 天的航行时间。有人曾计算过，从英国的伦敦港或法国的马赛港到印度的孟买港做一次航行，经苏伊士运河比绕好望角可分别缩短全航程的 43％和 56％，时间和燃料都大大地节省了，其经济效益十分可观。苏伊士运河已成为联结亚欧非国家海洋运输的非常重要的一个环节。

到目前为止，全世界有 100 多个国家和地区的船只都通过苏伊士运河进行海洋运输,平均每天过往的大型船只达 60 多艘,载重量超过 100 万吨。每年经运河运输的货物占世界海运贸易量的 14％。苏伊士运河以其使用国家多、过往船只频繁、货运量大而闻名世界,在世界海洋运输中发挥着举足轻重的作用。苏伊士运河是世界上最长的海运河,运河长度约为 173 千米,能通过船只的最大吨位是 25 万吨,运河年收入近 20 亿美元。而巴拿马运河全长 81.3 千米,可以通航 76000 吨级的轮船,运河的年收入也已经超过 10 亿美元。

(二) 金门大桥

当你乘船横渡太平洋抵达美国西部城市旧金山时,远远就能看见一座橘红色的悬索桥飞跃金门海峡,雄伟而有气势的造型与横跨的两个山崖完美地融为一体。这就是举世闻名的金门大桥。它同自由女神像一样,已成为美国的一个象征。

"桥是跨越障碍的通道。"这是韦氏大词典对桥梁一词所下的最简短的定义。桥梁作为跨越障碍、通济利涉的结构物,其最基本的功用是交通功能。远古的人类为了狩猎、运输、迁移就需要修建原始的桥梁。今天,桥梁已和人类的生活密切相关。桥梁不仅是交通系统的重要组成部分,而且由于其独特的结构特征,也带来了独特的艺术魅力。正如伊藤学先生在其《桥梁造型》一书中谈到的:"桥能满足人们到达彼岸的心理希望,同时也是印象深刻的标志性建筑,并且常常成为审美的对象和文化遗产。"

一座桥梁,横跨江河,历经沧海,除了交通功能外,它也融入了人们的生活。造型优美的桥梁,踏波凌虚,让我们视觉愉悦。人们在通过桥梁时发出一声赞叹,得到美的享受。金门大桥,这座当时跨度为世界之最的悬索桥,从两根主缆上垂下无数根吊杆,远远望去仿佛在海湾入口处架起了一座巨大的竖琴,海水哗哗作响,犹如弹奏美妙的音乐,把人们带到绚丽多彩的音乐世界。特别是在清晨和傍晚,它那鲜艳的橘红色倩影,在浓雾中若隐若现,宛如覆盖着面纱的美女,给人一种神秘感。20 世纪末,国际桥梁和工程协会向世界 30 位著名的桥梁工程师、建筑师和学者征集 20 世纪最美丽的桥梁的评选方案。专家们从全世界 100 多个国家的上千座桥梁中遴选出 15 座,在 1999 年最后一期英国《桥梁设计与工程杂志》发布,金门大桥名列第二。专家对其评语是:"它造型优美,比例协调,是桥梁工程的一颗明珠,以至本世纪的设计师们已无法超越了。"

旧金山位于太平洋与旧金山湾之间的半岛北端。旧金山湾长 89 千米,最宽处 24 千米,海湾两岸陡峻,航道水深,利于船舶停泊和航行,但却隔断了旧金山与美北加利福尼亚的陆上联系。早在 1869 年 8 月,奥克兰的《每日新闻》发表了一位名叫勒顿的人要在金门海峡上建造大桥的设想,但并没有得到人们的响应。结果这一设想在报纸上沉睡了 47 年。1916 年,报界人士威尔肯在旧金山《新闻简报》上又提出建造大桥之事,并着重指出其对促进海峡两岸经济繁荣的意义。建筑师莫穆·奥瑟赛看到此文章后被这个伟大的设想所吸引,他向全国各地的桥梁建筑师提出挑战:谁能在 1 亿美元投资预算内建成这座大桥?结果还是没有得到任何一个建筑师的应战。

4 年后,芝加哥的建筑师约瑟夫·斯特劳斯亲自勘察了金门海峡周围的地质和潮流情况后,提出了应战。他设想建造一座混合悬臂吊桥,即利用悬臂原理,由两岸宽大的悬臂与中央悬挂部分相连接,并估计建造这座大桥只需要 1700 万美元。对于这一方案,各界反应不一,曾经发生数次激烈的论战。许多人认为吊桥的造型并不完美。为慎重起见,联邦政府还举行了两次范围广泛的听证会。结果方案仍悬而未决,没有定论。为此,斯特劳斯花了 10 年的努力,在北加州说服和召集支持者,后来有多位建筑师、工程师、设计师参与,在大家的集思广益下,斯特劳斯的方案才获得批准。

斯特劳斯的方案在当时看来确实有些大胆和超前。在此之前,造桥最难之处就是跨径无法扩大,桥孔跨径多为几十米,很少能够超过 400 米。设计师斯特劳斯独创性地采用了悬臂吊桥的方案,中间不要桥墩,将桥架在两岸的桥塔上,使跨径一举拉长到 1280 米,这在当时绝对是震惊世界桥梁界的。方案后来被通过可能是由于当年正逢经济大萧条,工程项目管理方受到罗斯福总统的鼓励,运用联邦基金建造公共工程来制造更多的就业机会,减轻经济萧条带来的负面影响。由此也成就了斯特劳斯天才的设想。

大桥顺利开工,但项目实施后也并非一帆风顺。施工时先要固定南北两个桥塔的基座,埋下巨大的铁锚。工人们挖掉山坡,注入足够的凝固物,将能够抗12万吨缆索拉力的铁锚固定住。大桥北端桥墩围堰围好后,工人们把水抽干,往里面注入了上万吨的混凝土。而南面的桥墩却在30米深的水下,斯特劳斯和他的助手们建造了一个400多米长的支架,从海岸伸出,然后用一个30多米深的永久性防御物围住桥墩地基。建桥支架建后不久,一次强烈的风暴把支架刮飞了,5个防波挡体也被撞得粉碎,50吨重的钢条被扭成了"麻花"。斯特劳斯沉下的一个重10800吨、4层楼高的沉箱在水下像软木塞一样摇摆碰撞,简直成了一个定时炸弹。等围堰里的水抽干后,桥墩工地仿佛成了一个钢铁迷宫,4000多米长的梯子需要26页的行路指南手册,共有90条行走线路。有一次,两个建筑工人丢失手册,在里面迷失方向,费了一个晚上才走出来。

两岸巨型桥塔完工后,开始编制能够承受百万吨大桥重量的悬索。接着,大桥两边的起重机开始把驳船上的钢材吊起,往中间铺设桥板。这是造桥最危险的工序。工人要在没有扶手的六至八英尺宽的钢梁上操作,而桥又架在离水面有几十层楼房那么高的地方,在这么高的地方进行作业,其危险性可想而知。在大桥建筑期间,由于斯特劳斯预先在桥面下侧扎上了安全网,几个月中只有11名工人坠落身亡,双倍此数的工人因安全网获救。铆工们在桥梁上作业不久,有的开始掉头发和掉牙。工程又被迫停止。管理者聘请了著名医生和专家查找原因,经过数十天的分析,他们终于发现这是由热漆蒸气引起的中毒现象。斯特劳斯让工人穿上保护衣,并不断向铁梁槽里输入压缩空气,终于解决了难题。

经过4年3个月的奋战,总共花费大约2700万美元,耗费10万吨钢材的金门大桥胜利完工。1937年5月27日在桥上举办了盛大的庆祝会,这一天大桥开放让步行者通行,第二天,罗斯福总统在白宫按下电键,宣布正式通车。

设计这样一座一举将跨径拉长到 1280 米的大桥,绝不仅仅凭着设计师大胆的想象,创造奇迹同样需要科学态度和科学精神。这座大桥的"神力"靠的是分立两岸的两座门字形桥塔。门形桥塔高出水面 227 米,相当于一座 70 层高的建筑物。按设计要求,大桥悬索要由 27572 根钢丝编成 452 根巨型粗缆索,每根由 61 股钢丝编成,总长度 8 万英里,以承受百万吨大桥的重量。

之所以详细地列举上面的数据,只是想说明大桥设计和计算的难度,因为以前没有先例可供借鉴,而且在 20 世纪 30 年代,别说是普通的电子计算机,就连数字计算器都没有,数以万次的复杂结构计算是设计师斯特劳斯用将近两年的时间,凭借计算尺算出的。计算尺是 1620 年由英国数学家冈特为计算航海图而发明的。在那个计算量不太大、运算不很复杂的时代,计算尺确是一个重要的计算工具,但对于计算量大且复杂的桥梁结构来讲,真有些让人提心吊胆。

计算尺计算绝对没有计算机精确,更没有计算机方便,为了使设计计算准确、误差最小,设计者不仅要花费大量的精力,还需要具有最起码的科学精神——精益求精,尊重客观规律。斯特劳斯不愧是严谨治学的一流设计师,这些要求他都做到了。然而,当大桥 1937 年通车后,责任心使他每天都提心吊胆,生怕计算有误,大桥会塌。开通的第一天,大桥上第一批参观者就达到 20 万人。装过桥费的 5 美分投币箱被撑破,工作人员不得不用桶来装钱,人们在桥上欢呼跳跃,有的穿着旱冰鞋滑行。斯特劳斯绷紧神经,整天都没有离开过桥面。

以后,每当桥上举办大型活动或出现大洪水时,斯特劳斯都守在桥上,生怕大桥出事,结果一来二去,这位设计师得了神经质,这种怪病严重折磨着他的精神和肉体。大桥竣工后一年,斯特劳斯就带着对他的杰作的深深眷恋之情离开了人世。后人为他塑造了一个巨大的铜像,矗立在大桥的入口处,让后人缅怀这位治学严谨的设计大师及其在近代桥梁史上所创造的奇迹,也让这位历经坎坷而功成名就的设计师能在九泉之下仍陪伴着他呕心沥血的杰作。

事实证明，金门大桥的设计是科学的、可靠的，它经受住了数次地震的考验。在近70年中，大桥只因气候原因关闭过三次。1996年大桥进行翻新后，能经受90秒的里氏8.3级地震。

今天的金门大桥，把旧金山海湾地区的几个小城镇连接在一起，组成一个人口众多的大都市。美国西海岸的大动脉、著名的1号公路从这里通过，六车道桥面上汽车川流不息，每天有10万辆汽车通过，使它成为世界上最繁忙的桥梁之一。同时它以雄伟磅礴的气势，吸引着无数的游客，每年都有几百万观光客慕名而来。金门大桥的辉煌并没有因为半个多世纪的尘烟而淡薄，她的故事还在继续演绎着、流传着。

（三）明石海峡大桥

主跨距1280米的金门大桥，一直称雄世界第一长桥，但如今已经不再是第一。在世界范围的桥梁竞赛中，后起之秀不断崛起。如今，世界上跨距最大的桥梁及悬索桥的宝座已经让位给了日本的明石海峡大桥，其主跨径为1991米，比英国的恒伯尔桥（主跨径1410米）长581米，从而成为世界上跨径最长的悬索桥。

明石海峡是位于日本本州岛与四国岛之间，连接兵库县神户市和淡路岛的海峡，在没有跨海大桥之前，沟通两地的交通主要靠轮渡，这不仅耗时且易受海浪和天气等影响。建造明石海峡大桥的构思在第二次世界大战之前便一直存在，由于技术以及军事方面（大型军舰无法航行）的问题，一直没有付诸实施。1945年12月9日，轮渡船"鹡鸰丸"沉没明石海峡中，死亡304人。这之后，当地要求架桥的呼声高涨。1955年5月11日，濑户内海航行的宇高联络船"紫云丸"沉没，168人死亡，其中大部分是修学旅行中的儿童。这次事故后，本州四国联络桥建设的呼声更高了。1959年4月，日本建设省对道路部分开始组织调查。1970年7月，本州四国联络桥公司成立。1973年10月，工程实施计划被认可。1986年4月，明石海峡大桥举行了开工典礼。1988年5月正式全面施工。

这一艰巨的桥梁工程历时10年，耗资5000多亿日元，于1996年9月竣工，并在 1998 年 4 月 5 日正式通车,在建造期间还经历了 1995 年 1 月 17 日的阪神大地震的考验。里氏 7.3 级的阪神大地震的震中距离桥址仅 4 千米,但大桥安然无恙,只是南岸的岸墩和锚锭装置发生了轻微位移,使大桥的长度增加了约 1 米(大桥原设计长度为 3910 米,主跨距 1990 米)。桥面设计为六车道,设计时速 100 千米,可承受里氏规模 8.5 级强震和百年一遇的 80 米/秒强烈台风袭击。由于明石大桥的完工,加上原先建设于淡路岛以及四国之间的大鸣门桥,四国岛与本州岛在陆地上终于连为一体。但明石海峡大桥并未像大鸣门桥一样预留铁路通过的空间,而纯粹为公路桥梁。大桥原本设计为公铁两用桥,1985 年决定改方案为公路桥。明石海峡大桥建设前,原本从淡路岛至本州岛只有定期船通行,须耗时 40 分钟左右。竣工之后,明石大桥提供了稳定快速的道路,仅需 5 分钟左右便可从淡路岛到达本州岛。

明石海峡大桥是一座三跨两铰加劲桁梁式悬索桥,全长 3911 米,桥墩跨距 1991 米,宽 35 米,两边跨距各为 960 米,桥身呈淡蓝色。明石海峡大桥拥有世界第三高的桥塔,高达 298.3 米,仅次于法国密佑高架桥(342 米)以及中国苏通长江公路大桥(306 米),比日本第二高大楼横滨地标大厦(295.8 米)还高。在日本国内,仅有东京晴空塔(634 米,2012 年完工时的高度)、东京铁塔(332.6 米),以及日本最高大楼大阪阿部野桥车站大楼(300 米,2014 年 3 月 7 日完工)能够超过其桥塔高度。在明石大桥的主塔内设置了永久性的抑制风振的调质阻尼器。从以往桥塔的架设经验看,在架设时塔易发生摇摆,在成桥时,当主缆固定在塔顶上后,一般塔就不再摇摆。但明石海峡大桥的塔实在太高了,相对柔软,在成桥后依然会发生振动。即使采用十字形断面不易摇摆的构造,摇摆还是会发生,为此必须设置调质阻尼器(TDM)。调质阻尼器的重量是塔本体重量的 0.9%。对塔的大尺度变更必须杜绝,这才能达到制振的效果。在边跨的加劲桁和塔之间,当塔内的阻尼器发生故障时,必须设置油压阻尼器备用。

大桥的生命或者说主要构件就是两根直径 1.12 米的主缆了。明石大桥开始设计时，根据计算，两侧各要布置两根缆，但经过构造的优化设计，一侧只要一根缆，全桥只要两根缆。每根主缆由 290 根索股构成，而每根索股由 127 根平行钢丝组成，即一根钢缆共计使用 36830 根钢丝。缆的架设工程采用了直升机，将先导索渡海经两塔到另一侧猫道。世界上第一次使用直升机造桥，直升机渡海法与以往采用 FC 船牵引先导索（钢丝绳）渡海的区别是前者采用了强度大、重量轻的聚酰胺纤维导绳为先导索，这才有可能实施直升机施工。采用这一方法是由于受强潮流的影响以及不用限制船舶航行，短期内就可实现先导索渡海。

为了便于游人参观大桥，桥梁的设计者在两端钢析架下承部分别建有参观步道、展览厅和瞭望广场，游人可以乘坐电梯进入桥的钢梁内近距离感受大桥的雄伟。同时，在桥头广场设有桥梁展览馆，展示了大桥 1∶100 的模型和大桥的建设情况介绍。大桥已成为神户市的一个旅游景点。

（四）英法海底隧道

英法海底隧道是一条连接英法两国的海底铁路隧道，又称英吉利海峡隧道（The Channel Tunnel）或欧洲隧道（Eurotunnel），横跨英吉利海峡，隧道长度 50.5 千米，仅次于日本青函隧道，为世界第二长海底隧道。海底长度 37.9 千米，单程需 35 分钟。通过隧道的火车有长途火车、专载公路货车的区间火车、载运其他公路车辆（大客车、一般汽车、摩托车、自行车）的区间火车。自 1986 年 2 月 12 日英法两国政府签订协议批准建设起，整个工程历时 8 年多，总共花费了 46.5 亿英镑（约为现在的 120 亿英镑），比预期数额超出了 80%，是世界上规模最大的利用私人资本建造的工程项目。该工程从设想到最终建成历经二百年，其曲折经历及成功经验为后人留下了很多精神财富。

英国位于欧亚大陆西段的不列颠群岛上，是个名副其实的岛屿国家，其南部隔着英吉利海峡、多佛尔海峡与法国隔海相望。英国和法国两个欧洲大国的沟通受到了海峡的限制，英国与欧洲大陆之间的交往自然也受到制约。英国同欧洲大陆的联系自古以来主要是通过英吉利海峡进行摆渡。乘坐海上渡轮需一个半小时，海峡间的运输极为频繁。以 1984 年为例，往返运输客运为两千万人次，货运达两千万吨。这样繁忙的往来，使人们越来越感到解决海峡运输问题是势在必行了。好在英国和法国之间的海峡较窄，英国距离欧洲大陆最窄处的多佛尔海峡仅 30 千米宽。这就是产生连接英法的大胆设想的原因。这个设想最初也只能算是梦想，然而百年的梦想终于由后人变成了现实。

早在 1751 年，法国学者尼克拉·德马雷曾写过一篇《古代英法接壤论》，阐明上古时代英法两国的国土是连接在一起的。1802 年，法国采矿工程师马蒂厄（Abel Mathieu）首次提出修建英法海底隧道的设想。他的马拉车辆的隧道计划立刻引起了极具军事野心的拿破仑的兴趣，然而 1803 年英法战争爆发，拿破仑不得不放弃了这个计划。19 世纪 30 年代，两国学者着手研究英吉利海峡的海底地质状况，并提出了连接英法的多种交通方案，但由于当时技术条件的限制以及两国间的协商问题，始终没有一项方案得到两国的共同认可。

1872 年，英国首次设立海峡隧道公司，英国工程师霍克肖（Charles Hawkshaw）提出了一个修建双线隧道的设计方案。经过三年的论争和外交谈判，这一方案于 1875 年 8 月 2 日得到英法两国议会的批准。两国于 1876 年签订协议书，决定在 20 年期限内共同修筑海底隧道。于是，隧道从两国分别开挖，海底地质勘测等工作同时进行。

然而，项目施工中却遇到了一个棘手问题：1882 年，鉴于莎士比亚峭壁（位于英国多佛市，是海底隧道的英国端起点）的战略地位，英国公众不愿修筑英法海底隧道，担心丧失因地理位置而具有的战略优势。《泰晤士周刊》也助长了这种意见的形成。工程在 1882 年 7 月被迫停止。英法海底隧道建设的首次尝试就这样收场了。可见，是否建造英吉利海峡隧道的决策始终不完全取决于科技方面，而在很大程度上取决于围绕这个计划的政治环境。长期以来英国方面反对建设海峡隧道的主要原因是考虑到军事上的风险，他们希望将海峡作为抵御来自欧洲大陆军事入侵的天然屏障。

修筑海底隧道的方案与设计并没有因初次尝试的失败而停止。第二次世界大战后,对修建海峡隧道的关切再次兴起。1949 年,英法两国分别成立了设计专家组,对海峡隧道的建设进行专门研究。随着战争的结束,到了 1955 年,英国政府宣布,海底隧道对国防安全的影响已不复存在。在英国和欧洲大陆之间建立更为方便、快捷的通道成了显而易见的需求。在 1972 年至 1992 年的 20 年间,跨越英吉利海峡的客、货运交通量增长了一倍,1992 年英国与欧洲大陆的贸易占全部对外贸易的 60%。

1957 年,英法两国共同成立了英法海峡工程公司,并于 1960 年出具了详细报告,指出修建隧道的必要性。在 1964 年至 1965 年间,有关研究小组再次进行地质勘探,并确定出了一条隧道联络线。1966 年 6 月 8 日,两国签署英法公报,第二次海底隧道建设正式开始。

然而,这次尝试也并不顺利,由于实际施工造价大大超出了预算,工程遭遇到巨大的财政障碍。在开挖 15 个月之后的 1975 年,面对无法解决的资金问题,英国方面下令停工。这样,修建英法海底隧道的第二次尝试再次以失败告终。

英法海底隧道工程的两次失败,特别是第二次失败,凸显了资金问题在建造英法海底隧道过程中的重要性。如何调整实施主体和资金运作方式,成为横亘在英法两国面前的一个难题。1981 年 9 月 11 日,英国首相撒切尔夫人和法国总统密特朗在伦敦举行首脑会晤后宣布,英法海底隧道必须由私人公司出资建设和经营。1982 年,英法两国的建筑公司以合伙形式组成欧洲隧道公司,作为总承包商负责施工、安装、测试和移交运行,同时作为业主负责运行和经营。

按照该方案的初步设计,在海峡最窄处的英国多佛港至法国加来港之间,于海底 40 米深处的白垩岩中,开凿两条长 50 余千米、直径 7.3 米的铁路隧道,其中37 千米在海底。海底隧道的平均深度,是海床以下 50 米,最低点达到 75 米。该隧道处于海面下的部分长度,其时在世界海底隧道中排名世界第一。

1986 年 2 月 12 日,英国首相撒切尔夫人和法国总统密特朗在英国东南部的坎特伯雷大教堂参加了英法两国海峡隧道条约的签字仪式,从而正式确认了两国政府对于建造海峡隧道工程的承诺。这次英法海底隧道工程得以顺利实施,两国首脑的推动起了至关重要的作用。也就是在英法海底隧道举行正式通车仪式的前一年(1993 年秋),包括英、法在内的欧共体十二国签订了马斯切克条约,并将欧共体改名为欧洲联盟(European Union)。

该工程总耗资预计约 530 亿法郎。两国政府均不提供公共资金,全部利用私人资本建设。1986 年 3 月,英法政府与欧洲隧道公司正式签订协议,授权该公司建设和经营英法海底隧道 55 年,后来延长到 65 年(从 1987 年算起)。到期后,该隧道归还两国政府的联合业主。协议还规定两国政府将为欧洲隧道公司提供必要的基础设施,许诺如果没有欧洲隧道公司的同意,在 2020 年之前不会建立竞争性的海峡连接项目,并且该公司有权执行自己的商业政策,包括收费定价。英法两国所做出的利用私人资本建设大型基础设施的尝试,成功解决了横在两国面前的财务问题,冲破了阻碍工程实施的第一道壁垒。

1987 年 12 月 1 日,英法海底隧道工程正式实施。从英国的莎士比亚崖和法国的桑洁滩开始,分别沿三条隧洞的两个方向开挖。一条供巴黎—伦敦的火车通行,另一条供穿梭列车营运,专门载运乘汽车穿越海峡的人员及车辆。在这两条主隧道的中轴线当中,再开一条直径 4.5 米的服务隧道,每隔 375 米与主隧道贯通,解决通风和维修等问题。整个掘进工作按计划完成,只用了三年半时间。

世界主要传媒和学术著作都称英法海底隧道为人类工程史上的一个伟业。不仅仅因为它总长居当时世界之冠,为它投入了巨额资金,并且工程量宏大(从英法海底隧道中挖出的土石方计 750 多万立方米,相当于 3 座埃及大金字塔的体积;隧道衬砌中用的钢材仅法国一边就相当于 3 座埃菲尔铁塔),更重要的是它成功地解决了许多工程技术上的难题。它在工程技术上的要求是可靠、先进。工程进展到海底隧道部分时遭遇了一个关键技术难题：如何在水下数十米深处挖掘通道。海底隧道地质勘测困难，单口掘进长度长，地层稳定性低，高水压，大荷载，防水、防腐要求高，所有这些，都要求工程实施者必须对建造技术进行周密选择。

水下隧道建造的方法主要有"盾构法"和"沉管法"两种。盾构是一种钢制的活动防护装置或活动支撑，是通过软弱含水层，特别是河底、海底以及城市中心区修建隧道的一种方式。在盾构的掩护下，前端可以安全开挖地层，后端可以装配预制管片或砌块，迅速拼装成隧道永久衬砌，并将衬砌与土层之间的空隙用水泥压浆填实。沉管法也称预制管段法或沉放法。先制作隧道管段，两端用临时封端墙封闭起来。预制完成后拖运到隧道挖掘地址，并于隧位处预先挖好水底基槽。待管段定位就绪后，向管段内灌水压载，使之下沉，然后把沉放的管段在水下联接起来。经覆土(石)回填后，便筑成隧道。例如，中国的港珠澳大桥就是用这种沉放法进行的。

选择海底隧道建造技术，就必须充分了解海底地质。从1958年至1987年，通过94个钻孔，地质勘探组发现，海底有一层厚度约30米的白垩泥灰岩，这种岩层抗渗性好，硬度不大，裂隙也少，易于掘进。这29年间的地质勘探为技术选择打下了坚实基础，百年前争论不休的技术选择问题也因此豁然开朗——"沉管法"要求管道所沉放的岩层平整松软，便于沉管的放置，这在英吉利海峡所处的海底岩层中是难以实现的，于是"盾构法"就成了无可争议的选择。

确定了实施技术，施工队伍进入现场。海底隧道工程的实施必须要考虑如何保证车辆在隧道中的运行安全。海底隧道的规划设计把施工和运行安全放在极重要的地位。英法海底隧道距离长，又位于海底，一旦发生火灾、漏水、停电、堵车或暴力等事件，若不能有效营救，后果将不堪设想。为解决隧道内的车辆运行安全问题，两条铁路隧道完全隔开，列车单向行驶，消除了对撞的危险。之所以不采用一条大跨度双线铁路共享隧洞，是为了减小海底施工的风险和提高运行、维护的可靠性。在两条单线铁路洞之间设后勤服务洞，每间距375米设置直径为3.3

米的横向通道与两个主洞连接,连接处有防火撤离门。后勤服务洞的主要功能是在隧道全长范围内提供正常维护和紧急撤离的通道。在接到命令后,它可在90分钟内将全部人员从隧道和列车中撤到地面。它还是向主洞提供新鲜空气的通道,并保持其气压始终高于主洞,使主洞中的烟气在任何情况下都不能侵入后勤服务洞。后勤服务洞在施工期是领先掘进的,这为主洞的掘进提供了详尽的地质资料,对保证安全施工有重要意义。此外,隧道的运输、供电、照明、供水、冷却、排水、通风、通讯、防火等系统都充分考虑了紧急备用的要求。

1987年12月1日动工的海峡隧道,于1994年5月6日迎来了值得庆祝的日子。这一天是英国与法国乃至欧洲大陆关系史上一个十分重要的日子。1.1万名工程技术人员用近七年之久的辛勤劳动,终于把自拿破仑·波拿巴以来将近两百年的梦想变成了现实。当时的法国总统密特朗和英国女王伊丽莎白二世在隧道两端——法国的加来和英国的福克斯通共同主持了盛大的通车剪彩仪式。滔滔沧海变通途,一条海底隧道把孤悬在大西洋中的英伦三岛与欧洲大陆紧密地连接起来,为欧洲交通史写下了重要的一笔。

对英吉利海峡隧道工程作全面评价还为时过早。不过回顾一下世界上以往一些大型土木工程的建造历史,也许不无好处。苏伊士和巴拿马运河的实际建造费用都超过预算50倍以上。再近一点,连接日本本土和北部岛屿北海道的青函单洞铁路隧道花费24年才建成,比原计划整整超过了14年。相比之下英法海底隧道的命运就算不错的了。这些伟大的工程都在地球上发挥着重大的作用。

(五)青函隧道

每一座超级工程都将是时代的印记。世界上最长的海底隧道——青函隧道(Seikan Tonneru)是日本具有重要意义的隧道之一,它连接本州岛和北海道岛,结束了二者之间仅有海上运输的历史。青函隧道南起青森县今别町滨名,北至北海道知内町汤里,全长53.85千米,其中有23.3千米穿过津轻海峡海底,建在海面以下240米深,是世界上最长的海底隧道(包含铁路隧道和公路隧道)。自1987年完工后它一直是世界第一长隧道,直到 2016 年被瑞士的圣哥达隧道超越,退居第二。陆上部分本州岛一侧为 13.55 千米,北海道一侧为 17 千米。主坑道宽 11.9 米,高 9 米,断面 80 平方米。除主隧道外,还有两条辅助坑道:一是调查海底地质用的先导坑道;二是搬运器材和运出砂石的作业坑道。这两条坑道高 4 米,宽 5 米,均处在海底。

此前,本州的青森与北海道的函馆两地隔津轻海峡相望,日本本土与北海道之间最主要的交通路线,就是海运。青函联络船执行其间的业务。船不少,船上的配备也比较齐全。然而,这些在大自然的威力面前,没有任何意义。海上运输时间长达 5 个小时,且一旦遇到强风暴天气就要被迫中断,一年中交通中断的次数竟达 80 多次。

最先设想修建一条海底隧道沟通两地的,不是日本政府,而是一位年轻的铁路工程师粕谷逸男。1945 年,粕谷逸男从军中退役归来。他想为日本人民造福,认为如能开凿一条从本州到北海道的海底隧道,就能把全国人民联结在一起。1946 年,粕谷逸男争取到一笔小额经费以及国家运输省少数赞助者的支持,开始初步的勘探和取样,钻孔机钻至海床下 90 米的深度,取得了一些数据。但由于战后日本资金短缺,筑隧道的计划便拖延下来。

1954 年是一个转折点。这年的 9 月 26 日,15 号台风挟狂风暴雨侵袭着津轻海峡两岸。本来,摆渡轮"洞爷丸"不该启航,但船长对自己的经验很自信,看到天气稍好,便决定出发。当时已是傍晚 18 时 30 分,船员乘客共 1337 人。后来的事实证明,船长的判断是错误的。一时的好天气,只是更大坏天气的前奏而已。"洞爷丸"出发不久就遇到了风暴,在暴风雨中搏斗求生了几个小时。至 22 时 45 分,它已经无法再抵抗了,最终船底朝天,彻底倾覆。由于天气太恶劣,尽管救援船接到了 SOS 信息,但却难以近身,结果造成重大伤亡,共有 1155 人遇难或失踪,仅 182 人幸存。当时不只"洞爷丸"判断失误,另有四条船也沉没了。船上的死伤人数都是几百人。"洞爷丸"遭难是当时日本海难史上最重大事故。正因损失太过惨重,那次的台风又被日本人命名为"洞爷丸"台风。而修建青函隧道的动议,也在搁置了十余年后,再次被提上了日程。至此,粕谷逸男那几乎被人遗忘了的筑隧道梦想,重新引起了注意。但由于耗资巨大,此议又被搁置了若干年,直到1964年5月,青函隧道才开始挖调查坑道。4年后,粕谷逸男因癌症去世,但他梦寐以求的工程毕竟艰难地起步了。经过为期7年的各种海底科学考察,专家们最终选定了安全的隧道位置。

然而海底施工面临着巨大的风险和考验。在施工期间,已建好的隧道曾经两次因海水淹没而不得不返工。第一次海水渗入是在1969年,海水以每分钟11吨的速度涌入,工人们足足花了5个月时间才将积水排空。第二次渗水发生在1976年,这次海水以每分钟70吨的速度渗入,工人们又奋斗了5个月才将积水排出,但这次事故造成了20多人牺牲,隧道工程也被延误了两年。隧道工程共造成约33人牺牲,1600多人伤残。除了渗水事故,隧道施工还面临着塌方事故的威胁。日本是个多火山的国家,为了防止火山岩压力使得岩壁飞崩而导致塌方,工人们每开凿一点石方就要立即在上面浇筑30厘米厚的速干水泥来构成隧道撑墙抵住压力。

为确保列车的准时、高速、安全运行,在北海道一侧的函馆设立了一个指令中心,对列车的运行实施监控,还在隧道内建有两座避难车站和八个热感应点,装有火灾探测器、自动喷水灭火装置、地震早期探测系统、漏水探测器等设备。一旦发生危险,列车可迅速就近驶入避难车站,乘客可通过两侧能收容上千人的避难所或倾斜坑道脱离险境。

青函隧道是一项造价昂贵的工程。其实工程最初的预算仅为8亿美元,但后来屡次超支费用,工期也延误了两年。完工时,隧道的花费比最初超支了4倍多,最终总建设费用为5384亿日元(约合36亿美元,243亿人民币)。这样折算下来,长50多千米的隧道单千米造价约4.5亿人民币。

这项伟大的工程历时24年,1988年3月13日正式投入运营。如果从规划算起到建成,青函隧道共花费了长达42年的时间,这条建设难度和花费如此之大的隧道对日本而言具有重大的意义。青函隧道开通后,不仅开通了铁路运输新通道,便利了两地人员货物往来交流,而且减少了恶劣天气对交通的影响。从青森站和函馆站相对发出,电车从海底通过津轻海峡大概用时 30 分钟,从此结束了日本本州与北海道之间只能靠海上运输的历史。为庆祝青函海底隧道的开通,日本于 1988 年 8 月 29 日专门发行了 2000 万枚面值 500 日元的铜镍合金纪念币。1982 年,日本还拍摄了一部电影《海峡》。该故事片以青函隧道的挖掘施工为主线,由当时日本一线红星高仓健及吉永小百合共同出演,二人的精湛表演极受赞誉。

最初青函隧道只能走普通列车,但是隧道建设初期就设计为适应新干线运行。2016 年 3 月 26 日,东京到北海道的新干线开通,从东京到新函馆北斗乘车仅需 4 个小时,同年,新干线向北延至札幌。

（六）著名水利工程

1. 伊泰普水电站

地处南美洲的巴西有着丰富的水利资源。自 20 世纪 70 年代经历两次电力能源危机后,巴西政府决定同巴拉圭合作,建造当时世界上最大的水电站,这就是著名的伊泰普水电站。伊泰普水电站(Itaipu Binacional,Itaipu Dam),坝址位于巴拉那河流经巴西与巴拉圭两国边境的河段上。在中国的三峡大坝完工前,它一直是全球最大的水利工程。

巴拉那河全长 5290 千米,是世界第五大河,总流域面积 280 万平方千米,平均年径流量 7250 亿立方米。伊泰普大坝坝址以上的流域面积 82 万平方千米,平均年径流量 2860 亿立方米,分别占全流域的 29％和 39％。伊泰普大坝以上流域均在巴西境内,水量充沛,落差也较大。

1973 年,巴西、巴拉圭两国政府签订协议,由巴西与巴拉圭共同开发界河长200 千米的一段水力资源,发电机组和发电量由两国均分。1974 年 10 月 17 日伊泰普水电站动工修建,历时 16 年,耗资 170 多亿美元,所用混凝土达 1180 万立方米。用这些混凝土,可建一个供 200 万人居住的城市,或者建造一条从大坝通到美国纽约的高速公路。

1991 年 5 月,举世瞩目的伊泰普水电站竣工,主坝为混凝土空心重力坝,高 196 米(海拔 225 米),长 1500 米。右侧接弧形混凝土大头坝,长 770 米。左接溢洪道,溢洪闸长 483 米,最大泄洪量为 62200 立方米每秒,水库总容量 290 亿立方米。整个水电站坝身长 7744 米。水电站的主机房高 112 米,长 968 米,宽 99 米,面积相当于四个足球场。目前共有 20 台发电机组(每台 70 万千瓦),总装机容量 1400 万千瓦,年发电量 900 亿度,其中 2008 年发电 948.6 亿度,远远超出原居世界前列的美国大古力水电站(649 万千瓦)和俄罗斯萨扬舒申思克水电站(640 万千瓦)。伊泰普水库的上游还建成了 23 座水库,与伊泰普水库合计总库容 2169 亿立方米,其中有效库容 1265 亿立方米,相当于年径流量的 44%,所以调节性能很好。

坝内蓄满水后,巴拉那河被其拦截后形成深 250 米,面积达 1350 平方千米,总蓄水量为 290 亿立方米的人工湖。湖的大半在巴西,小半在巴拉圭境内。工程的兴建带动了巴西、巴拉圭建筑业、建筑材料和其他服务行业的发展。电站的建成是拉丁美洲国家间相互合作的重要成果。

伊泰普水坝对于这两个大量依靠外国石油作为能源的国家来说,在能源供应和经济发展中发挥着举足轻重的作用。伊泰普水电站不仅能满足巴拉圭全部用电需求,而且能供应巴西全国 30% 以上的用电量,圣保罗、里约热内卢、米纳斯吉拉斯等主要工业区 38% 的电力来自伊泰普。

尽管这项电站工程可以提供洁净的能源并支持巴西及巴拉圭的经济,但是该电站的建设却完全淹没了曾经可以与伊瓜苏(Iguacu)瀑布群相媲美的塞特凯达斯瀑布群,并破坏了 700 平方千米的热带雨林。塞特凯达斯瀑布又名瓜伊拉瀑布,属南美洲巴西与巴拉圭边界的瀑布群,位于上巴拉那河峡谷内,是世界水量最大的瀑布群之一。它由 18 个瀑布组成,平均流量达 13200 立方米每秒,洪峰期可四倍于此,水力资源极为丰富。瀑布总宽90米,总落差114米,跌落声远至40千米。曾经,此处景色优美,为浏览胜地。1986年9月下旬,许多世界有名的自然学家来参加塞特凯达斯瀑布的葬礼。巴西总统菲格雷特也亲自投身到这一行动中,那天,他特意穿上葬礼专用的黑色礼服,主持了这个特殊的葬礼。

2. 胡佛水电站

20世纪初期,美国西南部迅速发展,对水、电的需求猛增。同时,一连串巨大的洪水让人们清楚地意识到科罗拉多河需要建一座大坝来控制水量。1922年,美国内政部垦务局技术服务中心认为布莱克峡谷(Black Canyon)是建立水坝的理想位置。他们最初选择的是波尔德峡谷(Boulder Canyon),所以最开始的工程名称为"波尔德水坝",只可惜那里是地震断裂带。1928年,一个考察团深入到科罗拉多河进行水坝预选址,对布莱克峡谷进行了最后的勘测。

1928年美国国会批准了这个工程,1931年水坝开始施工。当时正是西方各国经济危机、经济大萧条最严重的时候。十几万满怀希望的工人带着他们的家人来到水坝建设的地方,在约48.9摄氏度的高温下搭营。在建设高峰期,项目雇佣了5000多个工人。

工程首先是对河流进行引流,避开施工地点。长达三英里的引流管道铺设在河流两侧,施工地点的上下游建起了大型的截流沟,即"围堰"。河床干涸以后,开始进行挖掘。几百万吨疏松的沉淀物和岩石被刮除,使基岩露出。胡佛水坝是一座拱门式重力人造混凝土水坝,这样的设计会使储水的冲刷力转移到大坝的墙壁上。为了让这些墙壁足够坚固,被称作"攀高者"的工人沿着绳索向下滑动,把所有疏松的部分锤掉。掉落的岩石十分危险,所以工人都把防护帽浸入焦油,吹干后使帽子变得更加坚硬——这就是最初的硬头盔。可见当时的建筑条件十分危险和艰苦,官方统计112人因这项工程丧命。

1933年6月,开始倾倒水泥。浇筑水泥发生的化学反应产生大量的热量。工程师估计,要是整个水坝倒成单个水泥块的话,要花125年才能冷却下来(而且还可能倒塌）。为了避免这个问题,他们把水泥倒进一个个分开的长方块中,叫作"起重块",然后放满冰水来降温。截至 1935 年停止倒水泥时,约使用了 325 万立方米的水泥——足够用来建一条从纽约到旧金山的高速公路了。

1935 年 9 月 30 日,总统罗斯福出席水坝的正式揭幕典礼。一年之后,水电站正式发电运行,为加利福尼亚、内华达、亚利桑那州的城市供电。当时,它是世界上最大的人工建筑。因为大坝开工的 1931 年,身为共和党人的胡佛任美国总统,于是水坝被命名为胡佛水坝,但是民主党人对此耿耿于怀,很不服气。一等胡佛下台,他们便把胡佛水坝更名为鲍德水坝,鲍德是附近一个城市的名字。此后共和党人重新得势,鲍德水坝在 1947 年又被重命名为胡佛水坝。

胡佛水坝距美国的拉斯维加斯约 30 英里,建在高山峡谷之间,采用圆弧形结构,坝高约 223 米。科罗拉多河因其拦截而形成的米德湖水深 152 米,湖面 16 万英亩,被认为是比纳赛尔湖还大的世界第一人工湖。

水电站发电机组年发电 40 亿度,为加利福尼亚州提供了 75％的电力。这座半个多世纪前兴建的水坝如今仍在为 130 万人输送电力,灌溉 150 万英亩的田地。它在抗旱防洪方面也功不可没。该水坝建成后,科罗拉多河下游基本上就没有发生过旱灾。胡佛水坝和科罗拉多河主河道上的其他水坝,近半个世纪来在防洪方面产生的经济效益估计超过 10 亿美元。

科罗拉多河流域原本是不毛之地,荒无人烟。建造胡佛水坝的时候,大批工人聚集在这里。水、电、铁路,为一座新城的诞生提供了条件。工人们在沙漠之中,没有任何娱乐,于是有人以赌博解闷。内华达州政府为了吸引人气,居然在 1931 年把赌博合法化。于是,许多资本家前来投资建设豪华赌场,大批观光客也前来赌博。就这样,一座光怪陆离的赌城在沙漠深处迅速发展,以至一跃成为美国西部最大的新城。如今,在胡佛水坝附近,还能找到残墙断垣、破败凄冷的小村庄,那里写着"Old Las Vegas"(拉斯维加斯旧城)——那就是建造水坝时工人们的宿营地。拉斯维加斯就是从一个沙漠小村发展起来的。胡佛水坝是解开拉斯维加斯之谜的一把钥匙。如今,拉斯维加斯成了不夜城,正是胡佛水电站的电力,点亮了拉斯维加斯那流光溢彩、五颜六色的霓虹灯。

据悉,自从 1935 年大坝对外开放以来,已经有超过 3600 万的游客来此观光。游客们首先在大坝的顶部参观,之后乘坐电梯向下 520 英尺直接到达大坝的底部。有趣的是,亚利桑那州及内华达州有一小时的时差,胡佛水坝因位于两个州的州界上,故水坝两端各设有一钟以方便游客对时。

3. 阿斯旺水坝

埃及位于非洲东北部,地处欧亚非三大洲的交通要冲,全国干燥少雨,气候干热。尼罗河是世界第一长河,正是它哺育了古老的埃及文明。尼罗河对古埃及有着非同寻常的意义,是古埃及人的"生命之河"。在古埃及人的观念中,一年不是四季,而是三季——泛滥季(7 月中旬至 10 月中旬)、耕种季(10 月中旬至 3 月中旬)和收获季(3 月中旬至 7 月中旬),这种划分和尼罗河有着直接关系。每年 7 月中旬,当天狼星携日东升的时候,受东非高原季风降水的影响,尼罗河水位开始暴涨,大水淹没河流两岸的谷地平原。到了秋天,尼罗河水退回河床,为浸泡数月的土地留下一层肥沃的淤泥,正是这层淤泥使得精耕农业得以实现,支撑着古埃及的繁荣与发展。

到了当代,为了一劳永逸地解决尼罗河年年发洪水的困扰,埃及政府在苏联的帮助下,于 1960 年在开罗以南 960 千米处的阿斯旺兴建大坝,尼罗河被拦腰截断。

阿斯旺电站工程始于 1960 年,坝址距埃及的阿斯旺城约 10 千米,工期为 10年,耗资 10 亿美元,相当于今天的 100 亿美元。修建大坝的目的在于控制尼罗河水流量,使其在涨水季节不涝、缺水季节不旱,同时增加农业耕地面积,改善农产品结构,提高粮食和经济作物产量。大坝于 1964 年开始蓄水,4 年后首次并网发电,它巨大的涡轮机组能产生 210 万千瓦的电能,占全国总发电量的一半。大坝建成后,尼罗河谷平均每年有 441 万亩的小麦田由一年一季变为一年两季,显著提高了农业产量。大坝建成 30 多年,尼罗河谷和三角洲地区增加可耕地面积达 1260 万亩。

建成后的阿斯旺水坝,从远处望去,气势磅礴,犹如一条巨虹横跨大河。主坝全长 3600 米,高 111 米,底座宽 980 米,坝顶宽 40 米。尼罗河水被拦腰斩断后形成了蜿蜒 500 千米、宽至 60 千米的纳赛尔湖,其容量相当于尼罗河两年的流量。阿斯旺大坝一改尼罗河泛滥性灌溉为可调节的人工灌溉,从此埃及结束了依赖尼罗河自然泛滥进行耕种的历史。同时,水位落差产生的巨大电力也成为埃及迈向现代工业文明的重要动力。

辩证地看,事物总是有利有弊。从建设之初至今,埃及国内对阿斯旺大坝的争论从没停止过,最大的争论点就是阿斯旺大坝对生态环境的影响。历史上,尼罗河水每年泛滥携带而下的泥沙为沿岸土地提供了丰富的天然肥料,而阿斯旺大坝在拦截河水的同时,也截住了河水携带而来的淤泥,下游的耕地失去了这些天然肥料而变得贫瘠,加之沿尼罗河两岸的土壤因缺少河水的冲刷,盐碱化日益严重,可耕地面积逐年减少,因而抵消了因修建大坝而增加的农田。与此同时,由于没有了淤泥的堆积,自大坝建成后,尼罗河三角洲正在以每年约 5 毫米的速度下沉。专家估计,如果继续以这个速度下沉,再过几十年,埃及将损失 15% 的耕地,1000 万人口将不得不背井离乡。

此外,由于纳赛尔湖库区沉淀了大量富含微生物的淤泥,浮游生物大量繁殖,水库及水库下游的尼罗河水质恶化,以河水为生活用水的居民的健康受到危害。修建阿斯旺大坝的初衷,是基于传统的防洪促农的水利理念,这是农业社会的主流思想。当初决策者们也许并没有想到大坝在带给埃及人民福祉的同时,还存在着令后人不得不正视的弊端。以历史和辩证的眼光来看,阿斯旺大坝的建造为埃及的经济发展奠定了良好的基础。但随着时代的前进,在农业社会显得极为重要的灌溉工程,到了工业和服务业产值比重大大增加的时代,它的负面影响也日益彰显。

近年来,埃及政府正在积极采取措施,尽可能地把阿斯旺大坝的负面影响减小到最低。有关专家一致认为,传统意义上的水利治理已不再适应埃及经济和社会的发展,只有通过兴建新的适合人类居住的田园、改变人口分布过于集中的现状,才能真正缓解阿斯旺大坝带来的生态环境压力。

目前埃及政府已在着手修建两个大型引水和调水工程——和平渠工程和新河谷工程。和平渠工程于1979年动工,西起尼罗河三角洲的杜米亚特河,向东穿过苏伊士运河,将尼罗河水引到西奈半岛少有人烟的沙漠地带,在那里开辟新的家园。新河谷工程也于1997年动工。根据规划,政府将用20年的时间,开挖850千米的水渠,将尼罗河水引入西南部沙漠腹地。但该工程由于埃及局势动荡而被迫停止。

埃及有位学者曾说过:"建造阿斯旺大坝的埃及总统纳赛尔是位伟人,但是拆除阿斯旺大坝的人,要比纳赛尔更伟大。"在今天的埃及,我们可以这样说——"因势利导建设更美好家园的埃及人民,与修建阿斯旺大坝的人一样伟大。"

后　记

　　人类因梦想而伟大,而梦想往往因伟大的工程才成为现实。人类的梦想催生了工程,而工程也成就了人的梦想。中华民族伟大复兴的中国梦如何实现? 这同样需要我们伟大的工程师和伟大的工程。

　　中华民族凭着勤劳和智慧,曾经创造了世界领先的古代文明,对人类发展作出过巨大贡献。然而,近代中国落后于西方,其中重要方面就是科技和工业的落后。早在 18 世纪末,英国最先完成了以蒸汽机为标志的第一次工业革命,开启了工业化进程。1860—1890 年,以电力、内燃机和电信为标志的第二次工业革命在西方兴起,西方列强抓住这次机遇,形成了新一轮的工业化,并由自由资本主义发展到垄断资本主义即帝国主义阶段。而这期间,积贫积弱的中华民族却经历了西方列强带来的一次次浩劫和耻辱。在中华民族危难之际,一代民族志士觉醒,提出了“睁眼看世界”“师夷长技以制夷”的口号,开始了旨在自强求富的洋务运动,掀起向西方学习先进技术、兴办工业、筹划海防、兴办学堂等热潮。洋务运动促使了第一代中国工程师崛起,唤起了中国工程师的强国梦。

　　此后,一代代的中国工程师前赴后继、身体力行,从对民族独立、国家富强之梦的追求,到对中华民族伟大复兴之梦的追求,在追求梦想的实践中,他们展现出一代代中国工程师的品德和情怀,他们塑造出中国工程师的魂魄和精神,他们在中华大地上绘出了一幅波澜壮阔的图卷。从京张铁路、钱塘江大桥、两弹一星,到青藏铁路、神舟蛟龙、银河计算机、探月工程、大飞机、港珠澳大桥,一系列的工程成就,向全世界展现了令国人自豪和骄傲的中国人的工程气魄和工程能力。因此,中国工程师的命运与中华民族由衰落到复兴的历程息息相关,中国工程师的实践铸就并引领了国家富强和民族振兴。

当前,新一轮科技革命和产业变革与我国加快转变经济发展方式形成历史性交汇,产业分工国际格局正在重塑,这一时代背景向我国的工程事业提出了挑战,也为我们走向自主创新之路提供了历史机遇。2015 年,中国版的"工业 4.0"规划出台,提出了力争通过三个十年的努力,到新中国成立一百年时,把我国建设成为引领世界制造业发展的制造强国的宏伟蓝图。

历史告诉人们,只有创造了灿烂文明的民族,才会如此渴望再创辉煌;也只有历尽苦难沧桑的国家,才更珍惜来之不易的道路。一代人有一代人的梦想,一代人有一代人的追求,一代人有一代人的付出,一代人有一代人的责任,一代人有一代人的作为。中国梦的接力棒必然会传到新一代工程师的手中。那么,新一代工程师该承担什么样的历史使命呢?该承担什么样的历史责任呢?他们该有多大的作为呢?这正是本书要揭示的,读者朋友可以通过阅读本书寻找答案。

青少年朋友们,处于求学阶段的你们,正是确立人生志向的时期,"志不真则心不热,心不热则功不紧"。你们因为拥有青春而幸福快乐,但青春是用来奋斗的资本,趁着年轻,把握好自己的人生航向,用实际行动去谱写自己的青春,让它更加绚丽多彩吧!为此,读一读本书或许能够给你启迪。让广大的青少年从小了解工程、热爱工程,立志长大成为一名优秀的工程师,接好老一代工程师的班,以自己的努力来创造祖国明天的辉煌,这该是多么有意义的人生目标啊!这也正是作者写作本书的目的和动力所在。本人这些年尽管在大学教学和科研工作繁忙,但都要抽出时间写一些科普读物,这种情怀或许来自于我们在青少年时期的大量阅读经历——老一代作家的科普书给了我们那么多的滋养和教育，已经深深影响了我们这代人的一生。

"江山代有才人出，各领风骚数百年"，期望你们中间能够涌现出大批走向世界、面向未来、铸就中华民族腾飞与辉煌的新一代中国工程师！

王滨

2019 年 6 月 1 日于同济大学